ずるい いきもの図《ず》鑑《かん》

監修《かんしゅう》：今泉《いまいずみ》忠明《ただあき》

JN137526

宝島社

まえがき

「ずるい」とタイトルを書《か》いておきながら、最初《さいしょ》に断《ことわ》っておきます。基本的《きほんてき》にすべての動物《どうぶつ》は大《おお》きな生態系《せいたいけい》の中《なか》にいて、自《みずか》らの生命《せいめい》をまっとうしています。ですから、ここでとりあげる「いきもの」自身《じしん》が、自《みずか》らをずるいなどと思《おも》っていません。「ずるい」と思《おも》うのは人間《にんげん》です。人間《にんげん》が、そのいきものの生《い》き方《かた》を、人間《にんげん》の側《がわ》から見《み》て、ずるいと思《おも》っているだけです。

確《たし》かに、他《ほか》のいきものに卵《たまご》を産《う》みつけられて、その幼虫《ようちゅう》が、そのいきものの体液《たいえき》をすすって大《おお》きくなっていく姿《すがた》は、人間《にんげん》にとって、なんともやりきれない気持《きも》ちになります。

しかし、これも生命《せいめい》の営《いとな》みのひとつなのです。いいも悪《わる》いもありません。人間《にんげん》だって、「ずるい」ですよ。卵《たまご》を産《う》ませるためだけにニワトリを飼《か》っているし、おいしい肉《にく》を食《た》べるために牛《うし》にビールを飲《の》ませている。でも、その人《ひと》たちだって、生活《せいかつ》がかかって

いるし、一生懸命《いっしょうけんめい》、私《わたし》たちにおいしい卵《たまご》やおいしいお肉《にく》を食《た》べてもらいたくて努力《どりょく》しています。

すべてのいきものが「ずるい」のです。ただ、この本《ほん》に載《の》っているいきものだけが「ちょっと他《ほか》よりずるく見《み》えるだけ」です。でも、それがいきものの本質《ほんしつ》です。

地球上《ちきゅうじょう》のあらゆる生命《せいめい》が、あらゆる動物《どうぶつ》が、互《たが》いに共存《きょうぞん》し合《あ》って生《い》きています。他《ほか》のものを利用《りよう》し、他《ほか》のものに利用《りよう》されて、生《い》きています。

この本《ほん》では、そんななかで、ちょっと特殊《とくしゅ》に共存《きょうぞん》し合《あ》っているいきものをとりあげました。「ずるい」という観点《かんてん》から見《み》ると、新《あたら》しいいきものの姿《すがた》が見《み》えると思《おも》います。

監修《かんしゅう》は動物学者《どうぶつがくしゃ》の今泉忠明先生《いまいずみただあきせんせい》にお願《ねが》いし、いきものの新《あたら》しい見方《みかた》をご教授《きょうじゅ》いただきました。厳《きび》しくも切《せつ》なく、それでいて、一生懸命《いっしょうけんめい》生《い》きているいきものに出会《であ》えると思《おも》います。さあ、「ずるい」世界《せかい》へどうぞ!

編集部《へんしゅうぶ》

もくじ

第《だい》2章《しょう》　ずるマヌケな、いきものたち

第《だい》3章《しょう》 ずるい! だましのテクニック!?

第《だい》4章《しょう》　こんないきものも、実《じつ》はずるい

第《だい》5章《しょう》　ずるい共生《きょうせい》

第《だい》6章《しょう》 相手《あいて》を操《あやつ》る ずるいきものたち

第《だい》7章《しょう》　ずるい植物《しょくぶつ》！

序章《じょしょう》

ずるいって何《なに》？

〜共生《きょうせい》、片利共生《へんりきょうせい》、寄生《きせい》〜

「ずるい」って何《なん》でしょうか？　まえがきでも書《か》きましたが、あくまで人間《にんげん》から見《み》て、そう見《み》えるだけです。

他《ほか》の鳥《とり》の巣《す》に卵《たまご》を産《う》みつけて、その鳥《とり》に育《そだ》てさせる。怪我《けが》したふりをして、獲物《えもの》をだまして捕《つか》まえるなど、人間《にんげん》から見《み》たら、ずるいかもしれない。しかし、それらのいきものは生《い》き抜《ぬ》くために、そのような行動《こうどう》をとっているだけです。

強《つよ》いだけでは、生《い》きられないのがこの世界《せかい》です。大型《おおがた》ネコ科《か》動物《どうぶつ》が食物連鎖《しょくもつれんさ》の頂点《ちょうてん》にいますが、では、ライオンやトラやジャガーが

捕食《ほしょく》

動物《どうぶつ》の世界《せかい》を支配《しはい》したことがあるかといえば、ありません。頭数《とうすう》では、草食動物《そうしょくどうぶつ》のほうが多《おお》いのです。

過去《かこ》をさかのぼれば、恐竜《きょうりゅう》という地球史上《ちきゅうしじょう》最大《さいだい》のいきものがいましたが、現《げん》在《ざい》は絶滅《ぜつめつ》しています。地球環境《ちきゅうかんきょう》の変化《へんか》にはついていけませんでした。

そのとき、生《い》き残《のこ》ったのがほ乳《にゅう》類《るい》です。しかし、当時《とうじ》のほ乳類《にゅうるい》はいまのネズミほどの大《おお》きさしかありませんでした。そんないきものが絶滅《ぜつめつ》する恐竜《きょうりゅう》を横目《よこめ》に生《い》き残《のこ》ったのです。

ほ乳類《にゅうるい》が生《い》き残《のこ》った理由《りゆう》はいろいろありますが、小《ち》さかったことも、その理由《りゆう》のひとつでした。小《ちい》さかったがゆえに、体《からだ》を岩場《いわば》や森《もり》の小《ちい》さなスペースに隠《かく》すことができ、寒《さむ》さをしのぎ、他《ほか》の捕《ほ》食動物《しょくどうぶつ》から逃《に》げることができました。

どんないきものも必死《ひっし》に生《い》きている

大切《たいせつ》なのは、一生懸命《いっしょうけんめい》生《い》き抜《ぬ》くことです。最《さい》大限自《だいげんみずか》らの持《も》ち味《あじ》を生《い》かして、生《い》き抜《ぬ》くことでしか、未来《みらい》はないのです。現在《げんざい》、地球上《ちきゅうじょう》にいるいきものたちは、そうやって生《い》き延《の》びてきました。

　そして、すべてのいきものが、何《なに》かに依存《いぞん》して生《い》きています。まったく何《なん》にも依存《いぞん》していないいきものはいません。木々《きぎ》も地中《ちちゅう》から養分《ようぶん》や水《みず》をもらっています。ほ乳類《にゅうるい》は、草《くさ》を食《た》べたり、他《ほか》の動物《どうぶつ》を捕食《ほしょく》したりして生《い》きています。それは、昆虫《こんちゅう》でも虫類《ちゅうるい》でも鳥類《ちょうるい》でも同《おな》じです。

　ただし、その依存《いぞん》の仕方《しかた》はいろいろあります。ひとつが捕食《ほしょく》です。ライオンがシマウマを襲《おそ》って食《た》べるなど、捕《つか》まえて食《た》べるのが捕食《ほしょく》です。

　そして、共生《きょうせい》というのがあります。それは、アリがアブラムシを敵《てき》から守《まも》る代《か》わりに、アブラムシはアリに食《た》べ物《もの》をあげる、というような、共存共栄《きょうぞんきょうえい》の関係《かんけい》のことをいいます。この本《ほん》でも共生《きょうせい》について触《ふ》れています。共生《きょうせい》は「片利共生《へんりきょうせい》」との対比《たいひ》で「相利共生《そうりきょうせい》」ということもあります。

では、片利共生《へんりきょうせい》とは何《なん》でしょうか。片方《かたほう》だけが利益《りえき》を得《え》ている共生《きょうせい》のことです。片方《かたほう》だけ利益《りえき》なので、「片利《へんり》」共生《きょうせい》なのです。たとえば大《おお》きなサメにくっついて、そのおこぼれをもら

っているコバンザメのような共生《きょうせい》の形《かたち》です。大《おお》きなサメには何《なに》も得《とく》がありませんが、コバンザメは得《とく》している関係《かんけい》です。

最後《さいご》に寄生《きせい》があります。これは、寄生虫《きせいちゅう》として人間《にんげん》にもおなじみです。おなかの中《なか》にいて、人間《にんげん》から栄養《えいよう》をもらって生《い》きているいきものです。それによって人間《にんげん》は栄養不足《えいようぶそく》になったり、病気《びょうき》になったりすることもあります。このように自分《じぶん》は得《とく》するけど、相手《あいて》に損《そん》を与《あた》える関係《かんけい》を寄生《きせい》といいます。

この本《ほん》では、さまざまないきものたちの依存《いぞん》し、依存《いぞん》される関係《かんけい》を中心《ちゅうしん》に、捕食《ほしょく》、共生《きょうせい》、片利共生《へんりきょうせい》、そして寄生《きせい》まで紹介《しょうかい》しています。

そして、そのいきものたちを、どのような立《たち》場《ば》から見《み》るかで、そのいきものたちが、ずるく見《み》えたり、怖《こわ》く見《み》えたり、おもしろく感《かん》じたりします。

あなたには、どんなふうに見《み》えるでしょうか。いろいろないきものが、依存《いぞん》し合《あ》っているから、この世界《せかい》は楽《たの》しいのです。

第《だい》1章《しょう》

ずるい子《こ》育《そだ》て！

いきものにとって、もっとも大切《たいせつ》なのは子孫《しそん》を残《のこ》すこと。
そのためなら、ずるいこともします！

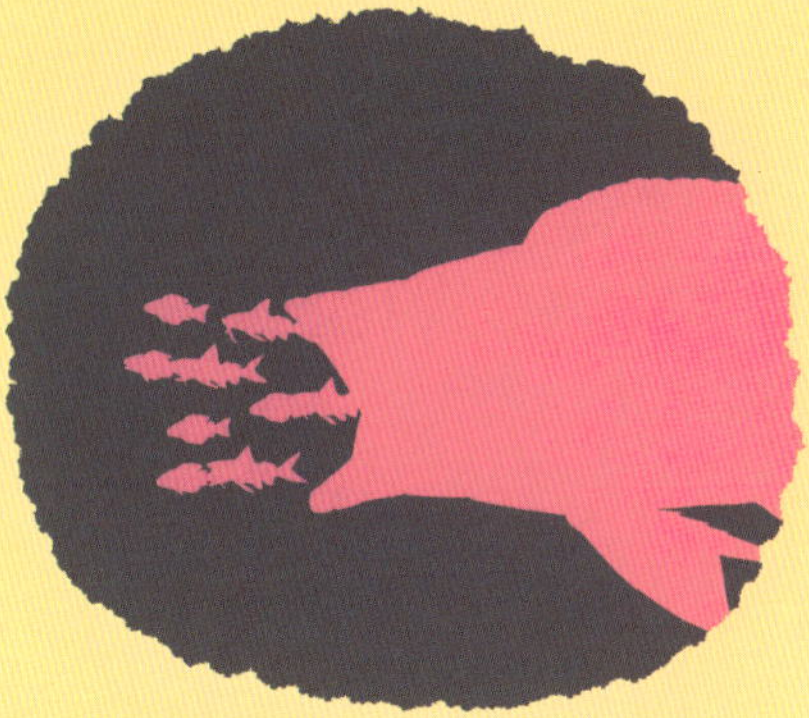

オオカミのボスは子分《こぶん》に子育《こそだ》てさせるが、子《こ》どもはつくらせない

オオカミは群《む》れで生活《せいかつ》しています。通常《つうじょう》、群《む》れの規模《きぼ》は3頭《とう》から10頭程度《とうていど》ですが、大《おお》きくなると40頭《とう》を超《こ》えることもあるそうです。もちろん、オスもメスも群《む》れの中《なか》で一番力《いちばんちから》があるのがボス。ボスは子分《こぶん》たちに自《じ》

いきものデータ

□**名前《なまえ》** オオカミ
□**分類《ぶんるい》** ほ乳類《にゅうるい》
□**生息地《せいそくち》** 北《きた》アメリカの森林《しんりん》、ユーラシアの森林《しんりん》
□**大《おお》きさ** 全長《ぜんちょう》90〜160㎝

分《ぶん》の子《こ》どもの面倒《めんどう》を見《み》させます。子《こ》どもが乳離《ちばな》れするころになると、子分《こぶん》は律儀《りちぎ》に肉《にく》などを噛《か》み砕《くだ》き、その子《こ》どもに与《あた》えます。

しかし、そこまでしてもらっているのに、子分《こぶん》が子《こ》づくりをしようとするとボスは邪魔《じゃま》するのです。だから、どうしても子《こ》どもがほしいオオカミは、群《む》れから離《はな》れて独立《どくりつ》し、まさに「一《いっ》匹《ぴき》オオカミ」になってしまうのです。

カップルのサケの卵子《らんし》に、精子《せいし》をかけるストーカーサケがいる

通常《つうじょう》、サケは川《かわ》で生《う》まれ海《うみ》で育《そだ》ちます。そして、川《かわ》に戻《もど》ったサケはカップルになり、メスは卵《たまご》を産《う》み、オスは精子《せいし》を振《ふ》りかけます。

しかし、なかには川《かわ》で生《う》まれ川《かわ》で育《そだ》つサケがいます。体《からだ》は小《ちい》さいのですが、なか

いきものデータ

□**名前《なまえ》** サケ
□**分類《ぶんるい》** 魚類《ぎょるい》
□**生息地《せいそくち》** 九州北部《きゅうしゅうほくぶ》、利根川《とねがわ》以《い》北《ほく》、朝鮮半島《ちょうせんはんとう》以《い》北《ほく》、カリフォルニア以北《いほく》
□**大《おお》きさ** 全長《ぜんちょう》65～110㎝

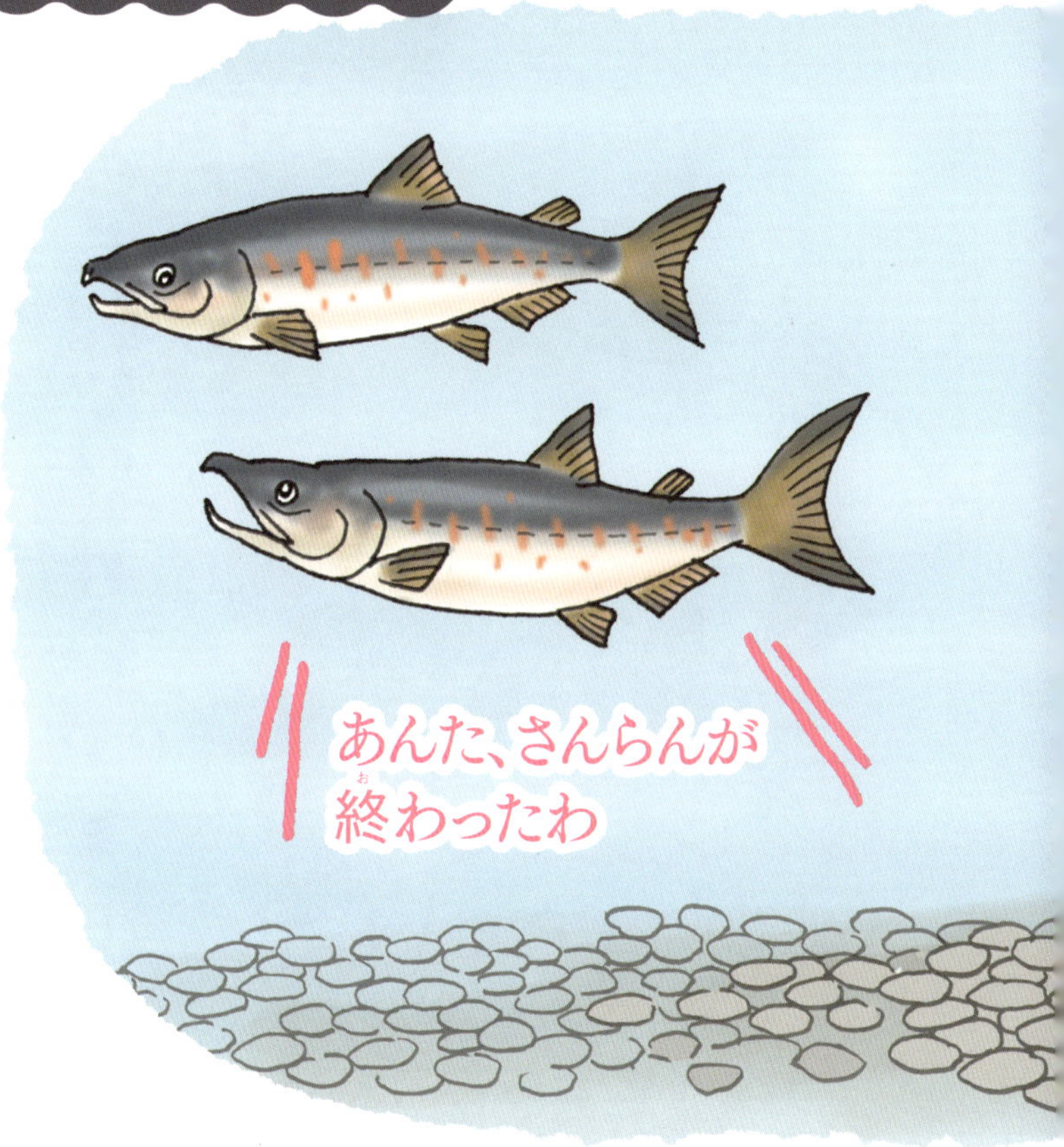

なかちゃっかりしています。

カップルのメスが産《う》んだ卵《たまご》に、隙《すき》を狙《ねら》って自分《じぶん》の精子《せいし》を振《ふ》りかけてしまうのです。このようなサケをストーカーサケと呼《よ》びます。

もちろん、カップルのオスも精子《せいし》をかけますが、サケの卵《たまご》はたくさんあるので、ストーカーサケがかけた精子《せいし》が受精《じゅせい》する場合《ばあい》もあります。そうすると、その卵《たまご》は成長《せいちょう》してストーカーサケになるのです。

他《ほか》の鳥《とり》に自分《じぶん》の卵《たまご》を育《そだ》てさせるカッコウ

いきものデータ

□**名前《なまえ》**　カッコウ
□**分類《ぶんるい》**　鳥類《ちょうるい》
□**生息地《せいそくち》**　九州《きゅうしゅう》以北《いほく》に来《く》る夏鳥《なつどり》
□**大《おお》きさ**　全長《ぜんちょう》35㎝

カッコウは自分《じぶん》で子育《こそだ》てはしません。他《ほか》の鳥《とり》の巣《す》に卵《たまご》を産《う》んで育《そだ》てさせるのです。それもわざわざモズなどの自分《じぶん》よりも小《ちい》さな鳥《とり》の巣《す》に産《う》みます。自分《じぶん》より小《ちい》さな鳥《とり》ならば、雛同士《ひなどうし》が食《た》べ物《もの》の取《と》り合《あ》いになったときに勝《か》てるからでしょう。

さらに、もともといた卵《たまご》より先《さき》にかえると、その卵《たまご》を巣《す》から落《お》としてしまいます。食《た》べ物《もの》を独《ひと》り占《じ》めするのです。

一方《いっぽう》、モズは、それに気《き》がつかずにカッコウのために、せっせと食《た》べ物《もの》を運《はこ》び与《あた》えます。それも、雛《ひな》が自分《じぶん》よりも大《おお》きくなっても続《つづ》けます。だますカッコウもカッコウですが、だまされるモズもモズです。

ホトトギスはだますために!? 赤《あか》い卵《たまご》を産《う》む

なき声《ごえ》が「特許許可局《とっきょきょかきょく》」と聞《き》こえるホトトギス。ホトトギスもカッコウのように、他《ほか》の鳥《とり》の巣《す》に卵《たまご》を産《う》んで育《そだ》てさせます。ホトトギスが、カッコウよりさらにずる賢《がしこ》く見《み》えるのは、産《う》みつける相手《あいて》の鳥《とり》の卵《たまご》と同《おな》じ色《いろ》の卵《たまご》を産《う》むことです。相手《あいて》は主《おも》にウグイス。

ウグイスの卵《たまご》は赤茶《あかちゃ》っぽいチョコレート色《いろ》。ホトトギスも同《おな》じ色《いろ》の卵《たまご》を産《う》みます。そのため、あんまりバレません。

カッコウの場合《ばあい》だと、時々《ときどき》、偽者《にせもの》だとバレてしまって、巣《す》から卵《たまご》を落《お》とされてしまうことがあるのですが、ホトトギスの場合《ばあい》はそれが少《すく》ないのです。だましのテクニックが一段上《いちだんうえ》なのです。

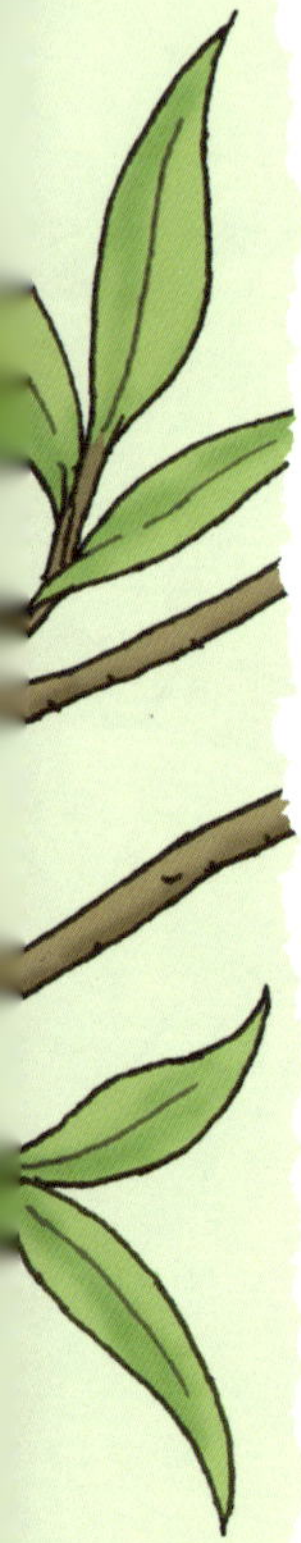

いきものデータ

□**名前《なまえ》** ホトトギス
□**分類《ぶんるい》** 鳥類《ちょうるい》
□**生息地《せいそくち》** 北海道南部《ほっかいどうなんぶ》から九州《きゅうしゅう》に来《く》る夏鳥《なつどり》
□**大《おお》きさ** 全長《ぜんちょう》28㎝

第《だい》1章《しょう》 ずるい 子育《こそだ》て！

クロヤマアリの女王《じょおう》を殺《ころ》し、それに成《な》り代《か》わるサムライアリ

サムライアリは子育《こそだ》てどころか、自分《じぶん》で食《た》べることができません。食事《しょくじ》は、奴隷《どれい》のクロヤマアリに噛《か》み砕《くだ》いてもらい、それを口移《くちうつ》しで食《た》べます。

しかし、アゴの力《ちから》は強《つよ》く相手《あいて》を噛《か》み殺《ころ》すことができます。産卵《さんらん》を控《ひか》えたサムライアリの女王《じょおう》はクロヤマアリの巣《す》を襲《おそ》ってその女王《じょおう》アリを殺《ころ》します。そして、そのアリの体液《たいえき》とワックスを体《からだ》に塗《ぬ》って他《ほか》のクロヤマアリをだまし、自《みずか》らの奴隷《どれい》にして自分《じぶん》と生《う》まれてくる子《こ》どもの世話《せわ》をさせます。

さらにひどいことに、クロヤマアリの数《かず》が少《すく》なくなると他《ほか》の巣《す》を襲《おそ》い、その子《こ》どもたちを誘拐《ゆうかい》して自《みずか》らの奴隷《どれい》にするのです。

いきものデータ

□名前《なまえ》　サムライアリ
□分類《ぶんるい》　昆虫類《こんちゅうるい》
□生息地《せいそくち》　北海道《ほっかいどう》から九州《きゅうしゅう》までの日本《にほん》と朝鮮半島《ちょうせんはんとう》、中国《ちゅうごく》
□大《おお》きさ　体長《たいちょう》7㎜（女王《じょおう》アリの場合《ばあい》）

※アリは体《からだ》の表面《ひょうめん》に特別《とくべつ》の匂《にお》いの出《で》るワックスを塗《ぬ》って、
その匂《にお》いで仲間《なかま》を識別《しきべつ》します。

ダチョウの本妻《ほんさい》は自分《じぶん》の卵《たまご》を愛人《あいじん》の卵《たまご》で守《まも》る

ダチョウのオスは第《だい》4夫人《ふじん》まで持《も》つものがいます。しかし、ダチョウの本妻《ほんさい》（第《だい》1夫《ふ》人《じん》）は結構太《けっこうふと》っ腹《ぱら》に見えます。夫《おっと》が浮気《うわき》をしても咎《とが》めません。それどころか、本妻《ほんさい》のメスは第《だい》2夫人《ふじん》や第《だい》3夫人《ふじん》などが子《こ》ども（卵《たまご》）を産《う》んでも、その卵《たまご》を壊《こわ》したりはしません。ただし、第《だい》2夫人《ふじん》、第《だい》3夫《ふ》人《じん》などの卵《たまご》は本妻《ほんさい》が産《う》んだ卵《たまご》の周《まわ》りに産《う》ませます。本妻《ほんさい》の卵《たまご》の周《まわ》りを囲《かこ》むように産《う》ませるのです。

理由《りゆう》は、天敵《てんてき》から守《まも》るのに有効《ゆうこう》だから。マングースやハゲワシが周《まわ》りの卵《たまご》を襲《おそ》っていると、本妻《ほんさい》は懸命《けんめい》に彼《かれ》らを追《お》い返《かえ》します。結果《けっか》、真《ま》ん中《なか》にある自分《じぶん》の卵《たまご》は守《まも》られるのです。愛人《あいじん》には容赦《ようしゃ》ないのがダチョウです。

いきものデータ

- □名前《なまえ》　ダチョウ
- □分類《ぶんるい》　鳥類《ちょうるい》
- □生息地《せいそくち》　中央《ちゅうおう》アフリカから南《みなみ》アフリカのサバンナ
- □大《おお》きさ　全長《ぜんちょう》 2.3m

私《わたし》が産《う》んだ卵《たまご》は真《ま》ん中《なか》よ!
愛人《あいじん》の卵《たまご》
愛人《あいじん》の卵《たまご》
愛人《あいじん》の卵《たまご》
愛人《あいじん》の卵《たまご》
愛人《あいじん》の卵《たまご》
愛人《あいじん》の卵《たまご》
愛人《あいじん》の卵《たまご》
愛人《あいじん》の卵《たまご》
愛人《あいじん》の卵《たまご》
本妻《ほんさい》の卵《たまご》

カモメはとなりの巣《す》からわらを盗《ぬす》んで、自分《じぶん》の巣《す》を作《つく》る

カモメは集団《しゅうだん》（コロニー）で巣《す》を作《つく》り子育《こそだ》てします。コロニーには1メートルおきくらいにびっしりと巣《す》があります。

集団《しゅうだん》で巣《す》を作《つく》りますから、巣《す》の材料《ざいりょう》になる、わらや草《くさ》の茎《くき》を集《あつ》めてくるのが

いきものデータ

□**名前《なまえ》**　カモメ
□**分類《ぶんるい》**　鳥類《ちょうるい》
□**生息地《せいそくち》**　冬《ふゆ》に日本《にほん》に飛来《ひらい》する冬鳥《ふゆどり》
□**大《おお》きさ**　全長《ぜんちょう》45㎝

大変《たいへん》です。どのカモメも巣《す》材《ざい》を探《さが》して飛《と》び回《まわ》ります。

しかし、その中《なか》にちゃっかりしたカモメが時々《ときどき》います。となりの巣《す》からカモメが飛《と》び立《た》つと、いない隙《すき》にその巣《す》からわらや草《くさ》の茎《くき》をパッと盗《ぬす》むのです。ただ、そのカモメに盗《ぬす》んでいる気持《きも》ちはありません。となりの巣《す》に「わらが落《お》ちてたじゃん」という感《かん》じなのだそうです。ずるいのか天然《てんねん》なのかわかりません。

カッコウナマズは仮親《かりおや》の口《くち》の中《なか》で孵《ふ》化《か》して、その魚《さかな》の卵《たまご》を食《た》べて成長《せいちょう》する

ナマズのカッコウ版《ばん》がカッコウナマズ。卵《たまご》を育《そだ》てさせる相手《あいて》はシクリッドという魚《さかな》。このシクリッドは自《じ》分《ぶん》の卵《たまご》を口《くち》の中《なか》で育《そだ》てます。

シクリッドは卵《たまご》を2、3個《こ》ずつ産《う》み、オスが精子《せいし》を

いきものデータ

□**名前**《なまえ》　シノドンティス・マルチプンクタータス
□**分類**《ぶんるい》　魚類《ぎょるい》（淡水《たんすい》）
□**生息地**《せいそくち》　アフリカのタンガニカ湖《こ》
□**大**《おお》**きさ**　全長《ぜんちょう》15㎝

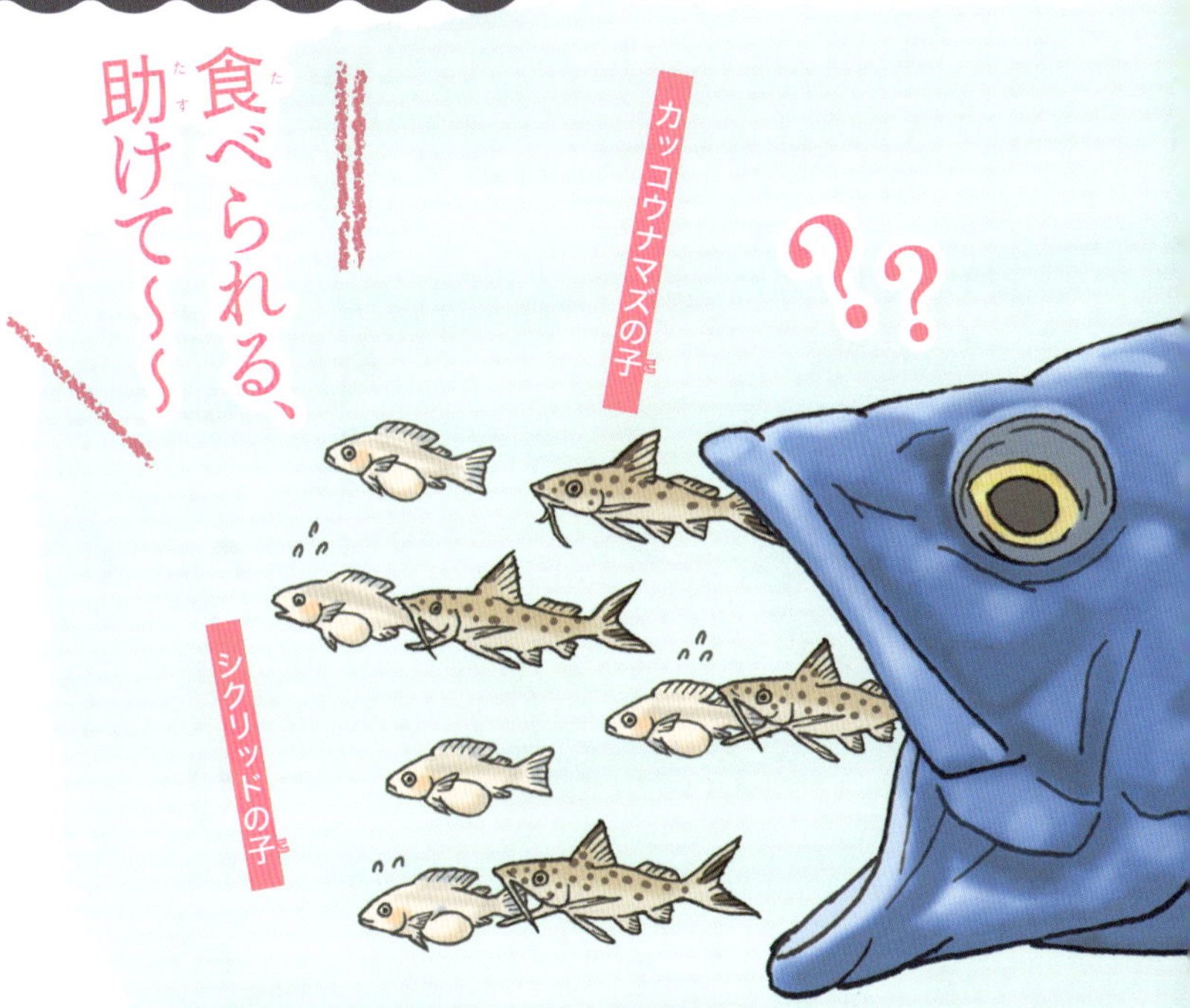

※イラストではわかりやすくするために、シクリッドの子《こ》どもたちも描《えが》いていますが、実際《じっさい》は、口《くち》の中《なか》でほとんど食《た》べられてしまいます。

かけると、その卵《たまご》を吸《す》い取《と》るように口《くち》に含《ふく》みます。その数秒《すうびょう》の間《あいだ》にナマズは卵《たまご》を産《う》み、シクリッドの吸《す》い取《と》る卵《たまご》に混《ま》ぜてしまうのです。

ナマズがさらにずるいのは、この後《あと》。口《くち》の中《なか》でシクリッドより早《はや》く生《う》まれるナマズは、シクリッドの卵《たまご》や子《こ》どもを食《た》べてしまうのです。シクリッドの口《くち》の中《なか》では、ナマズによるシクリッドの子《こ》どもの大虐殺《だいぎゃくさつ》が繰《く》り広《ひろ》げられているのです。

クロシジミの幼虫《ようちゅう》は蜜《みつ》でだまして（!?）、クロオオアリに子育《こそだ》てをさせる

チョウのクロシジミの幼《よう》虫《ちゅう》は、クロオオアリから食《た》べ物《もの》をもらうとおしりから蜜《みつ》を出《だ》します。その蜜《みつ》にひかれて、オオアリはせっせと口移《くちうつ》しで食《た》べ物《もの》をクロシジミの幼虫《ようちゅう》に与《あた》えます。

でも、これなら持《も》ちつ持《も》

いきものデータ

- □名前《なまえ》　クロシジミ
- □分類《ぶんるい》　昆虫類《こんちゅうるい》
- □生息地《せいそくち》　本州《ほんしゅう》から九州《きゅうしゅう》、朝鮮半《ちょうせんはん》島《とう》、中国《ちゅうごく》
- □大《おお》きさ　前翅《ぜんし》の長《なが》さ 17～23㎜（成虫《せいちゅう》）

たれつですが、実際《じっさい》は、クロシジミはオオアリをだましているのです。クロシジミはアリと同《おな》じような匂《にお》いのワックスを出《だ》して、仲間《なかま》のふりをしています。そして、だまし続《つづ》けた後《あと》、もらえる食《た》べ物《もの》が少《すく》なくなるとオオアリの幼虫《ようちゅう》を食《た》べてしまいます。さらに、羽化《うか》すると匂《にお》いが薄《うす》くなるので、さっさと飛《と》び立《た》って逃《に》げます。逃《に》げ足《あし》の速《はや》いチョウですが、これが自然《しぜん》の仕組《しく》みです。

植物《しょくぶつ》の中《なか》に自分《じぶん》のすみかまで作《つく》ってしまうエゴノネコアシアブラムシ

実《じつ》に奇妙《きみょう》なアブラムシです。まず移住《いじゅう》します。そしてメスだけでメスを産《う》みます。

エゴノキで生《う》まれ、その後《ご》、アシボソの葉《は》に寄生《きせい》します。そこでメスがメスを産《う》むのです。あるとき、羽《はね》の生《は》えたアブラムシが生《う》まれ、そして、またエゴノキに戻《もど》ってきます。

エゴノキに戻《もど》ると、ここでオスとメスの子《こ》どもが産《う》まれ、この子《こ》どもが成長《せいちょう》するとエゴノキに自分《じぶん》たちの居住地《きょじゅうち》を作《つく》らせます。

これが虫《むし》こぶです。成長《せいちょう》した子《こ》が植物性《しょくぶつせい》ホルモンを出《だ》し、エゴノキを刺激《しげき》して虫《むし》こぶを作《つく》らせるのです。植物《しょくぶつ》に寄生《きせい》して家《いえ》まで作《つく》らせるという、ずるいだけでなく賢《かしこ》いアブラムシです。

いきものデータ

- □名前《なまえ**》** エゴノネコアシアブラムシ
- □分類《ぶんるい》 昆虫類《こんちゅうるい》
- □生息地《せいそくち》 日本《にほん》、中国《ちゅうごく》から東南《とうなん》アジア
- □大《おお》きさ 全長《ぜんちょう》2㎜

虫《むし》こぶ
断面図《だんめんず》
拡大図《かくだいず》

ヒグラシの背《せ》にとりつき、養分《ようぶん》をもらい成長《せいちょう》するセミヤドリガ

セミヤドリガの幼虫《ようちゅう》は、セミのヒグラシの背《せ》に寄生《きせい》します。ヒグラシの背《せ》を見《み》ると、白《しろ》いわたのようなものがあります。それが寄生《きせい》しているセミヤドリガの幼虫《ようちゅう》。一匹《いっぴき》のヒグラシに何匹《なんびき》ものセミヤドリガが寄生《きせい》し、ヒグラシの体液《たいえき》を養分《ようぶん》として成長《せいちょう》するのです。

セミヤドリガの幼虫《ようちゅう》は成長《せいちょう》するとさなぎになりますが、さなぎになる前《まえ》にヒグラシから離《はな》れます。そして、さなぎになりガになって飛《と》んでいきます。

ちなみに、寄生《きせい》されたヒグラシは養分《ようぶん》を吸《す》い取《と》られますが、それでも、特《とく》に何《なん》の問題《もんだい》もなく、そのまま生《い》き続《つづ》けます。結構太《けっこうふと》っ腹《ぱら》に見《み》えるヒグラシなのです。

いきものデータ

- □**名前《なまえ》** セミヤドリガ
- □**分類《ぶんるい》** 昆虫類《こんちゅうるい》
- □**生息地《せいそくち》** 本州《ほんしゅう》、四国《しこく》、九州《きゅうしゅう》
- □**大《おお》きさ** 前翅《ぜんし》の長《なが》さ 10～12㎜（成虫《せいちゅう》）

セミヤドリガの幼虫《ようちゅう》
セミヤドリガの成虫《せいちゅう》

アゲハヒメバチはアゲハチョウの卵《たまご》からかえる

アゲハヒメバチはアゲハチョウの幼虫《ようちゅう》に卵《たまご》を産《う》みつけます。でも、幼虫《ようちゅう》は弱《よわ》るわけでもなく、やがて成長《せいちょう》しさなぎになります。

しかし、その体内《たいない》ではアゲハヒメバチの卵《たまご》がかえり、幼虫《ようちゅう》になっているのです。幼虫《ようちゅう》になったアゲハヒメバチは、アゲハチョウのさなぎの内部《ないぶ》を食《た》べつくします。

そして、そのさなぎの中《なか》で自《みずか》らさなぎになります。本来《ほんらい》ならアゲハチョウがさなぎの殻《から》を破《やぶ》り、羽《はね》を広《ひろ》げて飛《と》び立《た》っていくはずですが、出《で》てくるのはアゲハヒメバチ。ヒメバチはチョウのさなぎに自《みずか》らが出《で》られるぐらいの穴《あな》を開《あ》けて這《は》い出《で》てきます。

恐《おそ》ろしい光景《こうけい》です。

いきものデータ

- **名前《なまえ》** アゲハヒメバチ
- **分類《ぶんるい》** 昆虫類《こんちゅうるい》
- **生息地《せいそくち》** 北海道《ほっかいどう》から九州《きゅうしゅう》
- **大《おお》きさ** 体長《たいちょう》 14〜17㎜（成虫《せいちゅう》）

アゲハヒメバチ
あばよ!
アゲハチョウのさなぎ

実《じつ》はずるい人間《にんげん》の演出《えんしゅつ》

トラの子《こ》を育《そだ》てるのは、イヌに愛情《あいじょう》があるからではない！

とある動物園《どうぶつえん》では、トラの赤《あか》ちゃんを自《みずか》らの母乳《ぼにゅう》で育《そだ》てるイヌがいて、話題《わだい》になったことがあります。子育《こそだ》てを放棄《ほうき》した母《はは》トラに代《か》わって、母《はは》イヌが赤《あか》ちゃんトラを育《そだ》てる姿《すがた》は、母性愛《ぼせいあい》あふれる光景《こうけい》として、多《おお》くの人々《ひとびと》の感動《かんどう》を呼《よ》びました。

しかし、動物行動学《どうぶつこうどうがく》は、それが母性愛《ぼせいあい》からではないことを明《あき》らかにしてしまいました。

母性愛《ぼせいあい》ではないのです。

動物《どうぶつ》の多《おお》くは、匂《にお》いで、赤《あか》ちゃんを自分《じぶん》の子《こ》どもかどうか判断《はんだん》しています。動物《どうぶつ》は嗅覚《きゅうかく》がいいのです。ネコ同士《どうし》は鼻《はな》を近《ちか》づけて挨拶《あいさつ》します。それは、そのネコが仲間《なかま》かどうか匂《にお》いで判断《はんだん》するためです。

イヌの赤《あか》ちゃんとトラの赤《あか》ちゃんを同《おな》じ匂《にお》いにする

そして、この習性《しゅうせい》を利用《りよう》すれば、トラの赤《あか》ちゃんは、母《はは》イヌからお乳《ちち》をもらうことができるのです。

それは、母《はは》イヌの産《う》んだ赤《あか》ちゃんとトラの赤《あか》ちゃんの匂《にお》いを同《おな》じすればいいのです。そうすれば、母《はは》イヌはトラの赤《あか》ちゃんも自分《じぶん》の赤《あか》ちゃんだと思《おも》い込《こ》みます。

その方法《ほうほう》は難《むずか》しくありません。産《う》まれたばかりの赤《あか》ちゃんとトラの赤《あか》ちゃんを一緒《いっしょ》にして体《からだ》を擦《す》り合《あ》わせる、あるいは、イヌの赤《あか》ちゃんが産《う》まれた場所《ばしょ》のわらやタオルをトラの赤《あか》ちゃんに巻《ま》いてあげればいいのです。

そうすれば、トラの赤《あか》ちゃんにイヌの赤《あか》ちゃんの匂《にお》いが移《うつ》ります。そうなれば、母《はは》イヌはトラの赤《あか》ちゃんを自分《じぶん》の子《こ》どもだと思《おも》い込《こ》むのです。

この方法《ほうほう》はかなり前《まえ》からありました。

羊飼《ひつじか》いの子《こ》どもたちは、羊《ひつじ》に赤《あか》ちゃんが産《う》まれると珍《めずら》しがって触《さわ》ってしまいます。すると匂《にお》いに敏感《びんかん》な母羊《ははひつじ》がその赤《あか》ちゃん羊《ひつじ》に乳《ちち》を与《あた》えなくなるのです。人間《にんげん》の子《こ》どもの匂《にお》いが羊《ひつじ》の赤《あか》ちゃんに移《うつ》ってしまったからです。

そういうときは、他《ほか》の羊《ひつじ》の赤《あか》ちゃんとその羊《ひつじ》の赤《あか》ちゃんを一緒《いっしょ》にして、人間《にんげん》の匂《にお》いを消《け》します。すると、羊《ひつじ》の母親《ははおや》は、その赤《あか》ちゃん羊《ひつじ》に乳《ちち》をあげるようになるのです。

このことは、牧場《ぼくじょう》で働《はたら》いている人《ひと》は誰《だれ》もが知《し》っていることでした。

本当《ほんとう》は飼育員《しいくいん》の愛情《あいじょう》がトラの赤《あか》ちゃんを育《そだ》てた

動物園《どうぶつえん》で、母《はは》トラから育児《いくじ》を放棄《ほうき》されたトラの赤《あか》ちゃんを見《み》たとき、動物園《どうぶつえん》の飼育《しいく》員《いん》は、何《なん》とか助《たす》けたいと思《おも》ったのでしょう。そして、動物《どうぶつ》たちのそのような習性《しゅうせい》を利用《りよう》したのです。

動物園《どうぶつえん》の演出《えんしゅつ》といえます。

しかし、それは、トラの赤《あか》ちゃんへの飼育員《しいくいん》の愛情《あいじょう》のたまものといえるものだったのです。

母《はは》イヌより飼育員《しいくいん》の愛情《あいじょう》に感激《かんげき》しましょう。

第《だい》2章《しょう》

ずるマヌケな、いきものたち

いきものは完璧《かんぺき》ではありません。
うまくだましたつもりでも、
実《じつ》はバレバレだったり。
そんないきもの大集合《だいしゅうごう》です。

トナカイのオスは母子《ぼし》の食《た》べているコケを横取《よこど》りしようとするが、負《ま》ける

多《おお》くの動物《どうぶつ》はメスのほうが賢《かしこ》いようです。トナカイの母子《ぼし》はコケを見《み》つけるのが非常《ひじょう》にうまいのですが、それを遠《とお》くからオスが見《み》ています。そして、そのコケを横取《よこど》りしようとするのです。特《とく》に冬場《ふゆば》は食《た》べ物《もの》が少《すく》ないので、オスも必死《ひっし》です。

しかし、ずる間抜《まぬ》けなことに、ほとんど失《しっ》敗《ぱい》。それは、トナカイのメスに角《つの》があるからです。当然《とうぜん》オスにもあるのですが、オスの角《つの》は繁殖期《はんしょくき》が終《お》わった冬場《ふゆば》は落《お》ちてしまいます。だから、冬場《ふゆば》のメスの角《つの》は小《こ》ぶりでも強力《きょうりょく》な武器《ぶき》となり、オスはその角《つの》に負《ま》けて、追《お》い返《かえ》されてしまうのです。ずる間抜《まぬ》けな典型《てんけい》みたいなのが、トナカイのオスなのです。

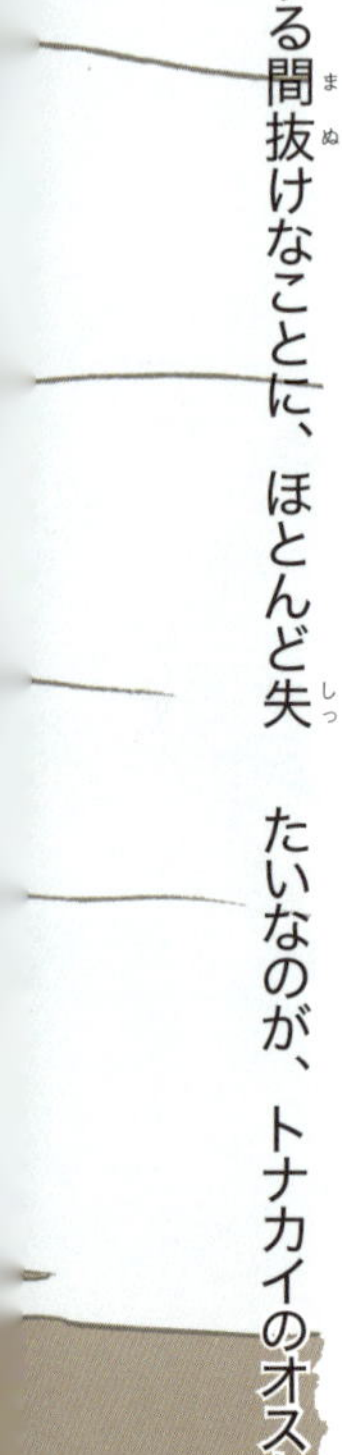

いきものデータ

- □**名前《なまえ》** トナカイ
- □**分類《ぶんるい》** ほ乳類《にゅうるい》
- □**生息地《せいそくち》** 北極圏周辺《ほっきょくけんしゅうへん》のツンドラやタイガ（針葉樹林《しんようじゅりん》）
- □**大《おお》きさ** 体長《たいちょう》150～220㎝ 肩高《けんこう》87～140㎝

角《つの》にはかなわんな……
オス
メス

南米《なんべい》のカモは他《ほか》の鳥《とり》の巣《す》に卵《たまご》を産《う》むけど、時《とき》々《どき》捨《す》てられる

南米《なんべい》にすむズグロガモはカッコウのように、他種《たしゅ》の鳥《とり》の巣《す》に卵《たまご》を産《う》んで育《そだ》ててもらう、ちゃっかりした鳥《とり》です。それもふてぶてしい卵《たまご》の産《う》み方《かた》をします。

カッコウは、相手《あいて》の鳥《とり》の隙《すき》を狙《ねら》って10秒《びょう》ほどで卵《たまご》を

いきものデータ

- □**名前《なまえ》** ズグロガモ
- □**分類《ぶんるい》** 鳥類《ちょうるい》
- □**生息地《せいそくち》** 南《みなみ》アメリカ
- □**大《おお》きさ** 全長《ぜんちょう》35～38㎝

産《う》みつけますが、ズグロガモは相手《あいて》の鳥《とり》の腹《はら》の下《した》に入《はい》って、ゆっくり卵《たまご》を産《う》みます。それを相手《あいて》の鳥《とり》は嫌《いや》がりません。

理由《りゆう》は、卵《たまご》がたくさんあったほうが、敵《てき》に襲《おそ》われても自分《じぶん》の卵《たまご》や雛《ひな》が助《たす》かる可《か》能性《のうせい》が高《たか》いからです。トホホなことに襲撃《しゅうげき》にそなえるためなのです。

さらに、カモのなかまは孵化《ふか》して2日ほどで独《ひと》り立《だ》ちできます。巣《す》から追《お》い出《だ》されても、実《じつ》は大丈夫《だいじょうぶ》！

アデリーペンギンはとなりの巣《す》の石《いし》を盗《ぬす》むのでけんかになる

顔《かお》が三角形《さんかくけい》に見《み》えるほど口《くち》を尖《とが》らせてけんかをするアデリーペンギン。顔《かお》は全体《ぜんたい》に黒《くろ》く、目《め》の周《まわ》りだけが白《しろ》くて印象的《いんしょうてき》なペンギンです。

彼《かれ》らがけんかする理由《りゆう》のひとつが石《いし》の取《と》り合《あ》い。アデリーペンギンは石《いし》を積《つ》み上《あ》げて巣《す》を作《つく》ります。そのとき、石《いし》が見《み》つからないと、となりの巣《す》から石《いし》を拝借《はいしゃく》してしまうのです。

もちろん、盗《と》られたペンギンは激怒《げきおこ》り！顔《かお》を三角《さんかく》にして、くちばしでつついて反撃《はんげき》します。さらにエスカレートすると、体当《たいあ》たりを食《く》らわし翼《つばさ》で相手《あいて》を叩《たた》きのめすのです。

実《じつ》は、ずるいやつを許《ゆる》さない強暴《きょうぼう》さを持《も》ったペンギンなのです。

いきものデータ

- □**名前《なまえ》** アデリーペンギン
- □**分類《ぶんるい》** 鳥類《ちょうるい》
- □**生息地《せいそくち》** 南極大陸周辺《なんきょくたいりくしゅうへん》の海岸《かいがん》
- □**大《おお》きさ** 全長《ぜんちょう》 75㎝

いただき!
やったなー!

チンパンジーの子分《こぶん》は、やっていないと前《まえ》を隠《かく》す

チンパンジーの子分《こぶん》たちはボスの子《こ》どもの子育《こそだ》てに務《つと》めますが、一方《いっぽう》で自分《じぶん》の子《こ》づくりにも精《せい》を出《だ》します。

ボスは子分《こぶん》の子《こ》づくりを嫌《いや》がります。子分《こぶん》たちは、子《こ》づくりが見《み》つからないように、コソコソと隠《かく》れてし

いきものデータ

□**名前《なまえ》** チンパンジー
□**分類《ぶんるい》** ほ乳類《にゅうるい》
□**生息地《せいそくち》** アフリカ西部《せいぶ》と中央部《ちゅうおうぶ》の熱帯雨林《ねったいうりん》やサバンナ
□**大《おお》きさ** 体長《たいちょう》75～95㎝

ます。しかし、見《み》つかることもあります。

そういうときの子分《こぶん》は、ボスからさっと逃《に》げて、「やってない！」と前《まえ》を隠《かく》すのです。人間《にんげん》から見《み》ればバレバレです。

それでも、子《こ》づくりをしたいチンパンジーはお気《き》に入《い》りのメスをつれて、「かけおち」します。なかには、メスのチンパンジーに引《ひ》っ張《ぱ》られて「かけおち」するだらしないオスもいるようです。

シャチは襲《おそ》わない動《うご》きをして突《とつ》然《ぜん》アザラシを襲《おそ》うが、失《しっ》敗《ぱい》すると死《し》ぬことも

シャチはアザラシを襲《おそ》って食《た》べ物《もの》にします。そのとき、なかなか巧妙《こうみょう》な手口《てぐち》を使《つか》います。

海岸沿《かいがんぞ》いを泳《およ》ぎ、アザラシには向《む》かっていないような動《うご》きをします。そして、突《とつ》然方向転換《ぜんほうこうてんかん》をして陸《りく》に上《あ》が

いきものデータ

- □**名前《なまえ》** シャチ
- □**分類《ぶんるい》** ほ乳類《にゅうるい》
- □**生息地《せいそくち》** 日本近海《にほんきんかい》、世界中《せかいじゅう》の海《うみ》
- □**大《おお》きさ** 体長《たいちょう》5〜8m

ってアザラシを襲《おそ》うのです。
　このとき、不意《ふい》をつかれたアザラシは陸上《りくじょう》にいながらシャチに襲《おそ》われてしまいます。しかし、シャチも命《いのち》がけです。もし、陸《りく》に上《あ》がったまま、海《うみ》に戻《もど》れないと死《し》んでしまうからです。
　肺《はい》が体《からだ》の重《おも》みでつぶれます。陸《りく》に上《あ》がって、アザラシも捕《つか》まえられず、海《うみ》にも戻《もど》れないとなると、シャチは絶体絶命《ぜったいぜつめい》になってしまうのです。

撒《ま》き餌《え》で小魚《こざかな》をとろうとするが、ざんねんながら9割《わり》は失敗《しっぱい》するササゴイがいる

熊本市《くまもとし》の水前寺江津湖《すいぜんじえつこ》公園《こうえん》にいるササゴイという鳥《とり》は、大変《たいへん》、ずる賢《がしこ》いというより賢《かしこ》い。トンボなどの虫《むし》や落《お》ち葉《ば》を撒《ま》き餌《え》にして、小魚《こざかな》をおびき寄《よ》せ捕《つか》まえます。わざわざ虫《むし》を捕《つか》まえて、それを小魚《こざかな》の撒《ま》き餌《え》

いきものデータ

- □**名前《なまえ》**　ササゴイ
- □**分類《ぶんるい》**　鳥類《ちょうるい》
- □**生息地《せいそくち》**　本州《ほんしゅう》、四国《しこく》、九州《きゅうしゅう》に来《く》る夏鳥《なつどり》
- □**大《おお》きさ**　全長《ぜんちょう》 52㎝

にしてしまうほど。
しかし、成功率《せいこうりつ》はかなり低《ひく》い。10回《かい》に1回成功《かいせいこう》すればいいほうです。撒《ま》き餌《え》は水《みず》に流《なが》され、ササゴイの場《ば》所《しょ》から遠《とお》ざかってしまいます。それでも、何度《なんど》も繰《く》り返《かえ》して、やっとこさ小魚《こざかな》にありつけます。
なかには、撒《ま》き餌《え》はあきらめて、自《みずか》ら湖《みずうみ》に突《つ》っ込《こ》んでとってしまうササゴイもいます。それなら、最初《さいしょ》からそうすればいいのに！

コラム　ちょっと悲《かな》しい物語《ものがたり》

ゾウの墓場《はかば》、実《じつ》は水《みず》が見《み》つからず死《し》んでしまったゾウたち

ゾウの墓場《はかば》の伝説《でんせつ》があります。ゾウは死期《しき》を迎《むか》えると、人目《ひとめ》につかない崖《がけ》の下《した》などに行《い》って、ひっそりと死《し》んでいく、というものです。

その証拠《しょうこ》に、そのような場《ば》所《しょ》では多《おお》くのゾウの骨《ほね》が見《み》つかっているといいます。

しかし、それはまったくのデタラメ。確《たし》かに多《おお》くのゾウの骨《ほね》が見《み》つかるところはあります。そして、そこは荒涼《こうりょう》としたさびしい場所《ばしょ》であることが多《おお》いのです。ゾウの死《し》に場《ば》所《しょ》としてはふさわしい場所《ばしょ》です。

しかし、ゾウの墓場《はかば》ではありません。

では、なぜ、多《おお》くのゾウの骨《ほね》が見《み》つかるのでしょうか。

ゾウの墓場《はかば》ではなくて水《みず》が見《み》つからなくて来《き》た場所《ばしょ》

乾季《かんき》のサバンナは非常《ひじょう》に厳《きび》しい季節《きせつ》です。乾季《かんき》が長引《ながび》くと、草原《そうげん》から水《みず》がなくなり、草木《くさき》も枯《か》れていきます。

すると、動物《どうぶつ》たちは水《みず》と食料《しょくりょう》を求《もと》めてサバンナを移動《いどう》します。そのとき、先頭《せんとう》になって群《む》れを引《ひ》っ張《ぱ》るのがリーダーです。

ゾウの場合《ばあい》、経験《けいけん》の豊《ゆた》かなメスゾウがリーダーになり、10数頭《すうとう》の群《む》れを引《ひ》っ張《ぱ》っていきます。ゾウの群《む》れは基本的《きほんてき》に母《はは》ゾウが中心《ちゅうしん》になって、その子《こ》どもや姉妹《しまい》たちでつくられています。

そして、その後《うし》ろを群《む》れから外《はず》れたオスのゾウもついてい

水《みず》を求《もと》めてひたすら移動《いどう》……

くのです。

経験豊《けいけんゆた》かなメスゾウは、以《い》前《ぜん》の乾季《かんき》のときの記憶《きおく》を頼《たよ》りに、水《みず》を求《もと》めて移動《いどう》します。多《おお》くの場合《ばあい》は、いままでの経《けい》験《けん》が生《い》きて、水《みず》のある場所《ばしょ》にたどり着《つ》くことができます。

しかし、異常気象《いじょうきしょう》になり、乾季《かんき》が非常《ひじょう》に長引《ながび》くと、いままであった水場《みずば》も枯《か》れてしまうときがあります。それでも、リーダーのメスゾウは次《つぎ》の水《みず》場《ば》を探《さが》しますが、そこも枯《か》れてしまっています。

さらに、探《さが》しますが、とうとう見《み》つからず、そこで体力《たいりょく》が尽《つ》きて死《し》んでしまうのです。これがゾウの墓場《はかば》です。

十数頭《じゅうすうとう》のゾウがそこで死《し》んで、多《おお》くの骨《ほね》が見《み》つかります。そこは、水《みず》がなく、草木《くさき》もない場所《ばしょ》のため人目《ひとめ》につきません。荒涼《こうりょう》とした枯《か》れたサバンナの一角《いっかく》です。

地球環境《ちきゅうかんきょう》の変化《へんか》が水場《みずば》を減《へ》らしている

現在《げんざい》、地球全体《ちきゅうぜんたい》が温暖化《おんだんか》して砂漠地帯《さばくちたい》が増《ふ》えています。アフリカのサバンナの乾《かん》季《き》も以前《いぜん》よりも厳《きび》しくなり、雨《あめ》が降《ふ》らないときは、何週間《なんしゅうかん》も降《ふ》らないのです。

以前《いぜん》はあった水場《みずば》も、いまはなくなっています。自然《しぜん》による淘汰《とうた》といえば、淘汰《とうた》ですが、それによって死《し》に絶《た》えていく動物《どうぶつ》たちがいるのも事実《じじつ》。

ゾウの墓場《はかば》は、地球《ちきゅう》の変《へん》化《か》が生《う》んだ悲劇《ひげき》の場所《ばしょ》なのです。

第《だい》3章《しょう》

ずるい！ だましのテクニック⁉

人間《にんげん》が思《おも》いもつかない、
だましのテクニックを持《も》ったいきものがいます。
う〜〜ん、生《い》き抜《ぬ》くいきものはすごい！

怪我《けが》した動《うご》きをして、ノウサギを襲《おそ》うキツネがいる

いきものデータ

- **名前《なまえ》**　アカギツネ
- **分類《ぶんるい》**　ほ乳類《にゅうるい》
- **生息地《せいそくち》**　北半球《きたはんきゅう》に広《ひろ》く分布《ぶんぷ》。森《しん》林《りん》など
- **大《おお》きさ**　体長《たいちょう》50～90㎝

アカギツネをよく知《し》る猟師《りょうし》の話《はなし》では、あるアカギツネはノウサギを見《み》つけると、怪我《けが》をした動《うご》きをするそうです。ノウサギは好奇心《こうきしん》が強《つよ》いので、怪我《けが》した動《うご》きをしているキツネを見《み》つけると近寄《ちかよ》っていきます。ノウサギが寄《よ》って来《き》たところを、アカギツネはバクッと食《た》べてしまうのです。

まるで、赤頭巾《あかずきん》ちゃんに出《で》てくるオオカミのようです。老婆《ろうば》のふりをしてベッドに寝《ね》ていながら、赤頭巾《あかずきん》ちゃんが来《く》ると襲《おそ》って食《た》べようとするのですから。

ちなみに、このようなことをするキツネは、ある特定《とくてい》の個体《こたい》だけだそうです。

光《ひかり》でオスのホタルを引《ひ》き寄《よ》せ、食《た》べてしまうメスのホタルがいる

ホタルを食《た》べるホタルがいます。発光《はっこう》しながらオスのホタルが飛《と》んで来《く》ると、他種《たしゅ》のホタルのメスが、あたかも同《おな》じ種類《しゅるい》のメスであるかのように、同《おな》じ光《ひかり》を出《だ》します。

その光《ひかり》を見《み》たオスホタルは、メスが自分《じぶん》を呼《よ》んでいると思《おも》い込《こ》んで、その光《ひかり》のほうに飛《と》んで行《い》くのです。すると光《ひかり》を出《だ》していた他種《たしゅ》のホタルがパクッと、そのホタルを食《た》べてしまいます。

ただし、ホタルは非常《ひじょう》にまずいそうです。サルもヒキガエルもトカゲもニワトリも、そしてコウモリも食《た》べません。昆虫《こんちゅう》の味《あじ》を試《ため》すことで有名《ゆうめい》な外国《がいこく》の研究者《けんきゅうしゃ》もホタルだけは食《た》べられなかったそうです。

いきものデータ

□**名前《なまえ》** ウソツキホタル
□**分類《ぶんるい》** 昆虫類《こんちゅうるい》
□**生息地《せいそくち》** カナダ南部《なんぶ》からアメリカ北東部《ほくとうぶ》
□**大《おお》きさ** 体長《たいちょう》20～50㎜

♀発見《はっけん》！
ウソツキホタル
いらっしゃ〜い♪

コチドリの千《ち》鳥《どり》足《あし》は、だましのテクニック!?

傷《きず》ついてんのよ、ワタシ
バタバタ
コチドリ

コチドリは卵《たまご》を抱《だ》いているときに、キツネなどの天《てん》敵《てき》が来《く》ると、突然傷《とつぜんきず》ついたように羽《はね》をバタバタして足《あし》をふらつかせながら、巣《す》から遠《とお》くへ離《はな》れます。キツネはコチドリを獲物《えもの》だと思《おも》って追《お》っかけます。

いきものデータ

- □**名前《なまえ》**　コチドリ
- □**分類《ぶんるい》**　鳥類《ちょうるい》
- □**生息地《せいそくち》**　北海道《ほっかいどう》から九州《きゅうしゅう》にまで飛来《ひらい》する夏鳥《なつどり》
- □**大《おお》きさ**　全長《ぜんちょう》16㎝

　すると、コチドリは充分《じゅうぶん》巣《す》から離《はな》れたと思《おも》うとパッともとに戻《もど》り、巣《す》に飛《と》んで帰《かえ》ってしまうのです。キツネはポカーンとなって獲物《えもの》を取《と》り逃《に》がします。

　ただ、コチドリはだまそうとは思《おも》っていません。天敵《てんてき》が来《く》ると緊張《きんちょう》して傷《きず》ついたような足取《あしど》りになってしまうのです。

　ちなみに、酔《よ》っ払《ぱら》いの「千鳥足《ちどりあし》」は、このコチドリの様子《ようす》から名《な》づけられたそうです。

アカドクハキコブラは突然毒《とつぜんどく》をはいて、相手《あいて》の眼《め》をつぶす

コブラの猛毒《もうどく》はよく知《し》られています。キングコブラに噛《か》まれると「ゾウも倒《たお》れる」といわれます。そのため、コブラに近《ちか》づくとき、人間《にんげん》や他《ほか》の動物《どうぶつ》は手足《てあし》を噛《か》まれないように注意《ちゅうい》します。

しかし、このアカドクハキコブラをはじめ「毒《どく》はきコブラ」には通《つう》じません。

的《まと》は眼《め》です。このコブラは近《ちか》づくと口《くち》を開《あ》けて毒《どく》を飛《と》ばします。ちょうど、その毒《どく》は相手《あいて》の目《め》に正確《せいかく》に当《あ》たります。眼《め》をやられると失明《しつめい》するほど危険《きけん》な毒《どく》です。

ちなみに、このコブラが毒《どく》を飛《と》ばせるのは、毒《どく》の出《で》る穴《あな》が牙《きば》の先《さき》ではなく牙《きば》の真《ま》ん中《なか》にあるからです。「君子危《くんしあや》うきに近寄《ちかよ》らず」です。

いきものデータ

- □**名前《なまえ》** アカドクハキコブラ
- □**分類《ぶんるい》** は虫類《ちゅうるい》
- □**生息地《せいそくち》** アフリカ東部《とうぶ》
- □**大《おお》きさ** 全長《ぜんちょう》60～100㎝

あなたの瞳《ひとみ》を狙《ねら》い撃《う》ち！
プシャーーッ

フンダマシは、鳥《とり》のふんに化《ば》けて鳥《とり》をだます

動物《どうぶつ》のなかにはうんこを食《た》べるものもいます。しかし、多《おお》くの動物《どうぶつ》は人間《にんげん》と同《おな》じようにうんこは食《た》べません。くさいし、栄養《えいよう》がありません。それは鳥《とり》も同《おな》じこと。

鳥《とり》のふんに化《ば》ければ、たとえ鳥《とり》の好《す》きなクモのなかまだとしても食《た》べられません。フンダマシはクモです。彼《かれ》らのだましの術《すべ》は実《じつ》に巧妙《こうみょう》です。腹部《ふくぶ》には白《しろ》いまだら模様《もよう》がありますが、これは鳥《とり》の尿酸《にょうさん》の跡《あと》のように見《み》えます。鳥《とり》は液体《えきたい》の尿《にょう》の代《か》わりに水分《すいぶん》のない尿《にょう》、尿酸《にょうさん》を出《だ》します。それがふんについている様子《ようす》をまねているのです。

さらに表面《ひょうめん》はしっとりしてぬれています。これも鳥《とり》のふんそのものです。

いきものデータ

- □**名前《なまえ》** トリノフンダマシ
- □**分類《ぶんるい》** クモ類《るい》
- □**生息地《せいそくち》** 本州中部以南《ほんしゅうちゅうぶいなん》
- □**大《おお》きさ** 全長《ぜんちょう》2～10㎜

なんだ、うんこかい！
ええ、うんこですよ。すみません
実際《じっさい》は……クモ！

マヌルネコは何《なに》食《く》わぬ顔《かお》で尻尾《しっぽ》を振《ふ》ってネズミを呼《よ》び寄《よ》せる

いきものデータ

- □**名前《なまえ》**　マヌルネコ
- □**分類《ぶんるい》**　ほ乳類《にゅうるい》
- □**生息地《せいそくち》**　イランから中国西部《ちゅうごくせいぶ》
- □**大《おお》きさ**　体長《たいちょう》50～65㎝
  尾長《びちょう》21～31㎝

まあるい顔《がお》してかわいいのに、眼光鋭《がんこうするど》いマヌルネコ。世界最古《せかいさいこ》のネコといわれます。

このマヌルネコは、尻尾《しっぽ》を上手《じょうず》に使《つか》って獲《え》物《もの》をしとめます。獲物《えもの》はハタネズミ。ネズミのそばまで、ほふく前進《ぜんしん》して進《すす》みます。そして近《ちか》づくと、尻尾《しっぽ》を振《ふ》るのです。尻尾《しっぽ》を振《ふ》るとネズミは催眠術《さいみんじゅつ》にかかったように動《うご》かなくなります。囮《おとり》の尻尾《しっぽ》がだましの道具《どうぐ》です。そして、動《うご》かなくなった、その隙《すき》を狙《ねら》ってネズミを一気《いっき》にしとめます。

ちなみに、マヌルネコは天敵《てんてき》に襲《おそ》われそうになると、地《じ》べたに腹《はら》ばいになって、ベターッとしています。まるで、ツチノコみたいな姿《すがた》です。

ワニガメはミミズみたいな舌《した》を動《うご》かして小魚《こざかな》を呼《よ》び寄《よ》せ、パクッと食《た》べる

ワニガメの姿《すがた》は少々《しょうしょう》グロテスクで、まったくかわいく見《み》えません。しかし、獲物《えもの》を捕《と》らえる舌《した》はとてもかわいいのです。

ゴツゴツした口《くち》を開《あ》けると、そのさきに赤《あか》い舌《した》の突起《とっき》があります。これをゆらゆらさせます。すると舌《した》はミミズのように見《み》えます。これがだましの舌《した》です。そして、口《くち》をあけてじっと待《ま》ちます。口《くち》を開《あ》けた姿《すがた》はまるで岩《いわ》のようですから、魚《さかな》も岩《いわ》に近《ちか》づくように寄《よ》ってきます。

小魚《こざかな》が舌《した》に食《く》いついてきたらシメタもの。口《くち》をガチッととじて獲物《えもの》を食《た》べてしまいます。顔《かお》に似合《にあ》わず、小魚《こざかな》が来《き》てくれるのをジッと耐《た》えて待《ま》つのです。

いきものデータ

- □**名前《なまえ》** ワニガメ
- □**分類《ぶんるい》** は虫類《ちゅうるい》
- □**生息地《せいそくち》** 北《きた》アメリカ南東部《なんとうぶ》の川《かわ》や湖《みずうみ》や沼《ぬま》
- □**大《おお》きさ** 甲長《こうちょう》40～80㎝

獲物《えもの》???

トタテグモはコケの下《した》で獲物《えもの》を待《ま》ち伏《ぶ》せする

クモというと糸《いと》の巣《す》を張《は》って獲物《えもの》を捕《つか》まえるのが一般的《いっぱんてき》なイメージです。しかし、原始《げんし》的《てき》なクモは地中《ちちゅう》に巣《す》を作《つく》ります。このトタテグモもその仲間《なかま》です。

トタテグモは、モグラのように土《つち》を掘《ほ》って巣穴《すあな》を作《つく》りますが、その穴《あな》のふたはコケの生《は》えた土《つち》。ふたとわからないようにカモフラージュしています。ここがトタテグモのずる賢《がしこ》いところ。彼《かれ》らはそのふたの隙間《すきま》から獲物《えもの》が通《とお》るのを、のぞいて待《ま》っています。

そして、アリやイモムシがそばを通《とお》ると、ふたをパッと開《あ》けて引《ひ》きずり込《こ》むのです。目《め》にも止《と》まらぬ速《はや》さです。獲物《えもの》はまんまとだまされてしまうわけです。

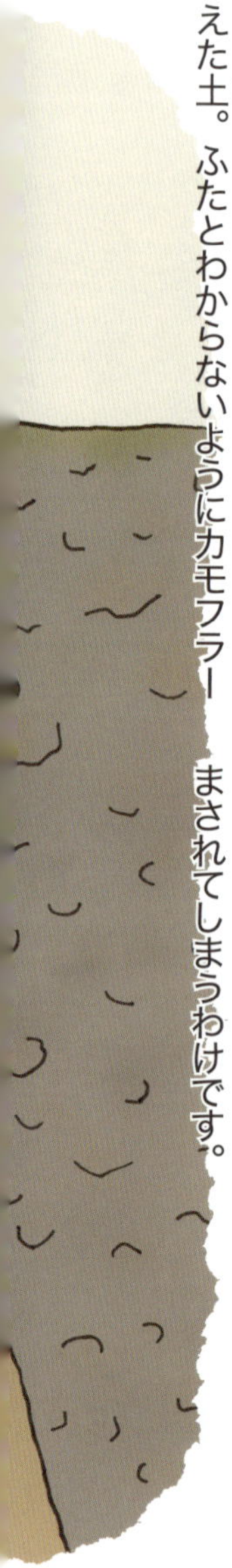

いきものデータ

- □**名前《なまえ》** キシノウエトタテグモ
- □**分類《ぶんるい》** クモ類《るい》
- □**生息地《せいそくち》** 本州《ほんしゅう》、四国《しこく》、九州《きゅうしゅう》
- □**大《おお》きさ** 体長《たいちょう》10～17㎜

開閉自在《かいへいじざい》なふた
待《ま》ってました♪

死《し》んだふりしたキタオポッサムはくさいにおいも出《だ》す

ボブキャットなどに襲《おそ》われると、死《し》にまねをして逃《に》げるのがキタオポッサムです。この死《し》にまねについて、外国《がいこく》の研究者《けんきゅうしゃ》が実験《じっけん》をしたことがあります。もしかすると、死《し》にまねではなくて、天敵《てんてき》に襲《おそ》われた驚《おどろ》きで失神《しっしん》

いきものデータ

- □**名前《なまえ》**　キタオポッサム
- □**分類《ぶんるい》**　ほ乳類《にゅうるい》
- □**生息地《せいそくち》**　北《きた》アメリカ
- □**大《おお》きさ**　体長《たいちょう》35～50㎝

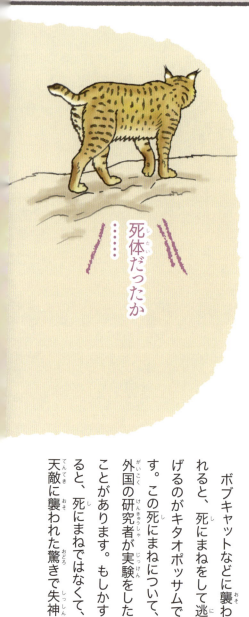

してしまったかもしれないからです。

実験《じっけん》したところ、死《し》にまねは本物《ほんもの》でした。倒《たお》れている最中《さいちゅう》、脳波《のうは》は動《うご》いていました。間違《まちが》いなく、天敵《てんてき》をだましてやろう（？）としていたわけです。

なおかつ、このキタオポッサム、死《し》にまねをするときは、わざわざ、ひどくくさったようなにおいを出《だ》して、より死《し》を演出《えんしゅつ》します。とことん相手《あいて》をだますのです。

ノウサギは空《そら》を飛《と》んで逃《に》げる？

いきものデータ

□**名前《なまえ》**　ニホンノウサギ
□**分類《ぶんるい》**　ほ乳類《にゅうるい》
□**生息地《せいそくち》**　本州《ほんしゅう》、四国《しこく》、九州《きゅうしゅう》の森《しん》林《りん》や山地《さんち》
□**大《おお》きさ**　体長《たいちょう》 45 ～ 54㎝

キツネがノウサギを追《お》っています。ノウサギは雪《ゆき》に足《あし》あとを残《のこ》しながら逃《に》げます。すると、突然《とつぜん》、足《あし》あとが消《き》えてしまいます。左右《さゆう》を見《み》てもノウサギはいません。キツネは「？？？」です。ノウサギが空《そら》を飛《と》んで逃《に》げたのです。

そんなことはありません。ノウサギは天敵《てんてき》に追《お》われ見晴《みは》らしのいいところに出《で》ると、周《まわ》りを見《み》わたした後《あと》、Uターンして同《おな》じ足《あし》あとの上《うえ》を跳《は》ねながら10メートルほど戻《もど》ります。そして、今度《こんど》は横《よこ》に2メートルほど飛《と》んで林《はやし》の中《なか》に消《き》えていきます（※）。

だから、このことを知《し》らないキツネは、「キツネにつまれた」状態《じょうたい》になるのです。

※このようなウサギの行動《こうどう》を「止《と》め足《あし》」といいます。

コラム　究極《きゅうきょく》のだましのテクニック!?

フリーズする動物《どうぶつ》たち

陸上《りくじょう》の捕食動物《ほしょくどうぶつ》で頂点《ちょうてん》に立《た》つのが、ライオンなどのネコ科動物《かどうぶつ》です。アフリカであればライオンが、アジアであればトラが、アメリカであればジャガーがその代表《だいひょう》です。

そして、彼《かれ》らの餌食《えじき》になるのがヌーであったり、シカであったり、カピバラであったり、いろいろな動物《どうぶつ》がいます。

ネコ科動物《かどうぶつ》の捕食行動《ほしょくこうどう》は、獲物《えもの》にそっと近《ちか》づき、そして、隙《すき》を見《み》て一気《いっき》に襲《おそ》います。獲《え》物《もの》たちは天敵《てんてき》の気配《けはい》に気《き》づき、一気《いっき》に逃《に》げ出《だ》します。そのとき、うまく逃《に》げおおせる動物《どうぶつ》もいれば、捕《つか》まって餌食《えじき》になってしまう動物《どうぶつ》もいます。

そのような獲物《えもの》のなかには、動《うご》きが止《と》まってしまう動《どう》物《ぶつ》もいます。パソコンのフリーズ画面《がめん》のように、まったく動《うご》かなくなるのです。

それが、ネコ科動物《かどうぶつ》に襲《おそ》われたときの、最大《さいだい》の防御《ぼうぎょ》だったりします。

「エ～、ウッソ!」、止《と》まってしまったら、ネコ科動物《かどうぶつ》の餌食《えじき》じゃん、と思《おも》う読者《どくしゃ》もいるでしょう。が、そうではないのです。

ネコ科動物《かどうぶつ》は動体視力《どうたいしりょく》はいい……

ネコ科動物《かどうぶつ》にとっては、獲《え》物《もの》が止《と》まってしまうと、その獲物《えもの》は視界《しかい》から消《き》えてしまいます。さらに、リスやシカのように体《からだ》の模様《もよう》が背景《はいけい》に溶《と》け込《こ》んでいると、獲物《えもの》の位置《いち》がわからなくなるのです。

動《うご》いていれば、わかるのです。ネコ科動物《かどうぶつ》は動体視力《どうたいしりょく》がかなりいいですから。

読者《どくしゃ》の方《かた》で、ネコをペットにしている方《かた》がいたら、ネコが首《くび》をかしげるのを見《み》たことがある人《ひと》は多《おお》いと思《おも》います。かわいいしぐさと思《おも》われていますが、それは、見《み》ているものとの距《きょ》離感《りかん》を測《はか》っているのです。

人間《にんげん》のように、まっすぐ見《み》ただけでは見《み》ているものとの距離《きょり》がわからないのです。だから、首《くび》をかしげて斜《なな》めからも見《み》るのです。

ネコ科動物《かどうぶつ》は基本的《きほんてき》に、あまり目《め》がよくありません。しかし、動体視力《どうたいしりょく》は優《すぐ》れています。だから、ネコ科動物《かどうぶつ》に追《お》われている獲物《えもの》たちは、時々《ときどき》フリーズするのです。

それによって、捕食者《ほしょくしゃ》から逃《に》げることができます。

ネコと遊《あそ》ぶときは ものを動《うご》かして

ペットのネコと同居《どうきょ》している人《ひと》はご存知《ぞんじ》でしょうが、ネコと遊《あそ》ぶときは、ネコじゃらしなどを使《つか》います。

ネコじゃらしを左右《さゆう》に振《ふ》ってあげると、ネコは喜《よろこ》んで飛《と》びついてきます。

しかし、ネコじゃらしの動《うご》きを止《と》めると、ネコも関心《かんしん》を失《うしな》ったようになります。

ネコ科動物《かどうぶつ》は、動《うご》かないものには関心《かんしん》がないのです。

とにかく固《かた》まる！

第《だい》4章《しょう》

こんないきものも、実《じつ》はずるい

人《ひと》は見《み》かけによらぬもの、
といいますが、
いきものすべてがそうです。
あなたの先入観《せんにゅうかん》を壊《こわ》す生《い》きものです。

パンダは菜食主義《さいしょくしゅぎ》のふり(?)をして、実《じつ》は肉《にく》が大好《だいす》き

パンダは肉《にく》が大好《だいす》きです。笹《ささ》ばかり食《た》べているようで、実《じつ》は肉《にく》が食《く》いたい！のです。菜食主義者《さいしょくしゅぎしゃ》のふり（？）して、ずるい！

特《とく》に、タケネズミが大好物《だいこうぶつ》。たけのこを食《た》べている大《おお》きなネズミです。パンダはこのネズミを食《た》べたいのですが、すばしっこいから、なかなか捕《つか》まりません。仕方《しかた》ないから笹《ささ》を食《た》べているのです。

アメリカの学者《がくしゃ》は、パンダ研究《けんきゅう》しているときに、テントの中《なか》でステーキを焼《や》いていたら、パンダに襲《おそ》われてステーキを持《も》っていかれてしまったそうです。パンダはクマ科《か》の動物《どうぶつ》ですから、かわいい顔《かお》をしていても本当《ほんとう》は怖《こわ》いのです。これもずるい！

いきものデータ

- □**名前《なまえ》** ジャイアントパンダ
- □**分類《ぶんるい》** ほ乳類《にゅうるい》
- □**生息地《せいそくち》** 中国西部《ちゅうごくせいぶ》の竹《たけ》のある山林《さんりん》
- □**大《おお》きさ** 体長《たいちょう》1.2～1.8m

あー肉《にく》が食《く》いたい
とか
とか

ナマケモノはおとなしいふりして、実《じつ》は強暴《きょうぼう》

ゆっくり動《うご》く動物《どうぶつ》の代名詞《だいめいし》になっているナマケモノ。名前《なまえ》からしてのんびり、だらだらという感《かん》じです。しかし、実《じつ》は速《はや》く動《うご》けます。

確《たし》かに、木《き》にはゆっくりと登《のぼ》ります。地面《じめん》を這《は》えば時速《じそく》400メートルです。襲《おそ》われても抵抗《ていこう》などほとんどしません。平和主義者《へいわしゅぎしゃ》のように見《み》えます。

しかし、ある撮影隊《さつえいたい》が、ナマケモノの爪《つめ》を撮影《さつえい》しようと近寄《ちかよ》ったら、突然《とつぜん》、手《て》を振《ふ》り上《あ》げて、ブンと爪《つめ》でカメラを叩《たた》き落《おと》されたそうです。

そのスピードは目《め》にも留《と》まらない速《はや》さだったといいます。おとなしいふりして、実《じつ》は恐《おそ》ろしいのです。動物《どうぶつ》は見《み》かけによりません。

いきものデータ

- □**名前《なまえ》**　フタユビナマケモノ
- □**分類《ぶんるい》**　ほ乳類《にゅうるい》
- □**生息地《せいそくち》**　中央《ちゅうおう》、南《みなみ》アメリカの森林《しんりん》
- □**大《おお》きさ**　体長《たいちょう》50～75㎝

実《じつ》は、ハイエナの獲《え》物《もの》を盗《ぬす》んでいるのがライオン

「横《よこ》取《ど》りの名人《めいじん》」のイメージが定着《ていちゃく》しているハイエナですが、実《じつ》はライオンのほうがずるいのです。

映像《えいぞう》では、ライオンが狩《か》りした獲《え》物《もの》をハイエナが集《しゅう》団《だん》で横《よこ》取《ど》りしているシーンが、よく流《なが》れます。しかし、

いきものデータ

□**名前《なまえ》**　ライオン
□**分類《ぶんるい》**　ほ乳類《にゅうるい》
□**生息地《せいそくち》**　アフリカ、インドのサバンナ
□**大《おお》きさ**　体長《たいちょう》1.4～3m

実際《じっさい》は、横取《よこど》りしたライオンの周《まわ》りでハイエナが騒《さわ》いでいるのが、本当《ほんとう》だったりします。

ブチハイエナの大《おお》きさは1・5メートル。集団《しゅうだん》であればシマウマも獲《と》れます。それをライオンが横取《よこど》りします。

しかし、だからといって、ライオンもハイエナに横取《よこど》りされることもあります。どっちもどっちですが、被《ひ》害者《がいしゃ》ヅラ（?）しているライオンがやっぱりずるい!

ミツクリエナガチョウチンアンコウのオスはメスにくっついて養分《ようぶん》をもらうだけ

精子《せいし》だけはさしあげます

くっついてメスに同化《どうか》するオス

いきものデータ

□**名前《なまえ》**　ミツクリエナガチョウチンアンコウ
□**分類《ぶんるい》**　魚類《ぎょるい》
□**生息地《せいそくち》**　日本《にほん》の太平洋側《たいへいようがわ》、熱《ねっ》帯《たい》・亜熱帯《あねったい》の深海《しんかい》
□**大《おお》きさ**　全長《ぜんちょう》　オス1.2～7.5㎝、メス40～44㎝

ずるいというには少々《しょうしょう》可哀想《かわいそう》な気《き》もします。ミツクリエナガチョウチンアンコウのオスはメスの体《からだ》に噛《か》みついて寄生《きせい》し、皮膚《ひふ》や血管《けっかん》にひっついて養分《ようぶん》をもらって生《い》きています。

オスは最大《さいだい》で7・5センチメートルほどですが、メスは44センチメートルにもなります。メスにひっついたオスは次第《しだい》に目《め》や腸《ちょう》が退化《たいか》してメスの体《からだ》の一部《いちぶ》になってしまいます。そして、オスはメスに精子《せいし》だけをあげて生《い》きているのです。

ただし、オスはメスに寄生《きせい》できない場合《ばあい》は1センチメートルほどにしかなれないので、やはりメスにひっついていたほうがいいのです。メスは強《つよ》い!

サバンナで一番《いちばん》ずるい（？）のはガゼル

華奢《きゃしゃ》な体《からだ》でかわいいガゼル。しかし、サバンナでガゼルはかなりずるい（？）部類《ぶるい》です。セレンゲティやマサイマラのサバンナでは、ヌーの大移動《だいいどう》があります。草《くさ》を求《もと》めて移動《いどう》しています。

そのとき、ワニがいる川《かわ》を渡《わた》りますが、最初《さいしょ》に犠牲《ぎせい》になるのがシマウマ。それはシマウマが草《くさ》の先端《せんたん》が好《す》きだから。先端《せんたん》を食《た》べられた草《くさ》の茎《くき》をヌーが食《た》べます。シマウマに続《つづ》くのがヌーです。そして、最後《さいご》がガゼル。ガゼルは残《のこ》った草《くさ》の根元《ねもと》を食《た》べますので、川《かわ》を渡《わた》るのも最後《さいご》。

だから、ガゼルは、ワニたちがシマウマやヌーを食《た》べて腹《はら》がいっぱいのころに川《かわ》を渡《わた》るので、あまり襲《おそ》われません。

いきものデータ

- □**名前《なまえ》**　トムソンガゼル
- □**分類《ぶんるい》**　ほ乳類《にゅうるい》
- □**生息地《せいそくち》**　アフリカ東部《とうぶ》のサバンナ
- □**大《おお》きさ**　体長《たいちょう》80～110㎝
  肩高《けんこう》60～70㎝

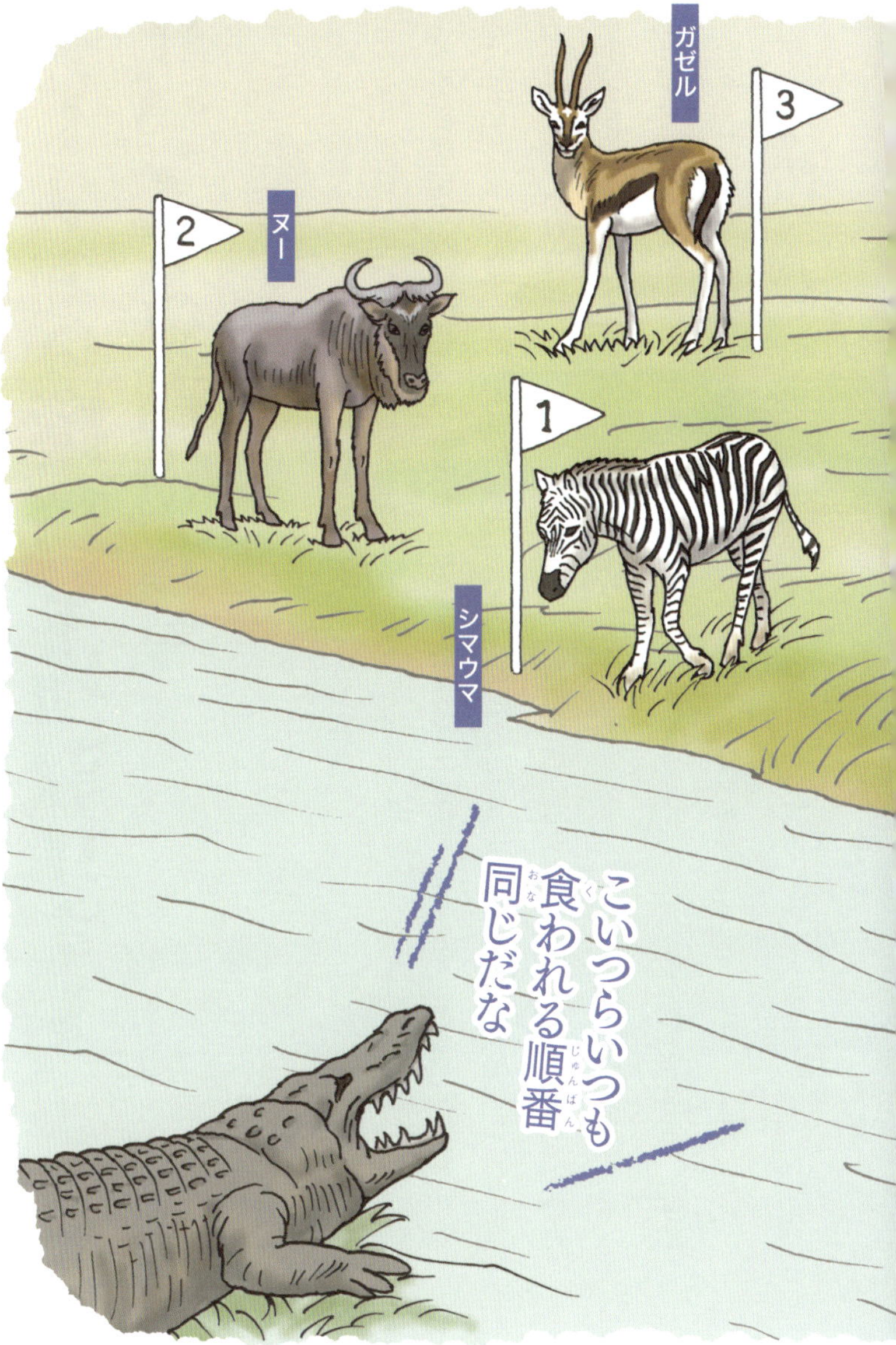
ガゼル
3
ヌー
2
1
シマウマ
こいつらいつも
食《く》われる順番《じゅんばん》
同《おな》じだな

チーターの獲物《えもの》を横取《よこど》りするサバンナの動物《どうぶつ》たち

ガゼルを追《お》って草原《そうげん》を疾走《しっそう》するチーター。引《ひ》き締《し》まった肉体《にくたい》にスラリとした脚《あし》。サバンナのなかでも非常《ひじょう》にかっこいい動物《どうぶつ》です。しかし、かなり弱《よわ》い。

「ホント?」と思《おも》った読者《どくしゃ》の方《かた》は多《おお》いかもしれませんが、実際《じっさい》そうなのです。ケニアにあるマサイマラ国立公園《こくりつこうえん》の入口《いりぐち》では、ライオンに襲《おそ》われたチーターの写真《しゃしん》が貼《は》られています。

ライオンは、チーターの獲《と》ったガゼルなどを横取《よこど》りします。もちろん、ヒョウや、さらに集団《しゅうだん》でやってくるハイエナやジャッカルもチーターから獲物《えもの》を横取《よこど》りします。

チーター以外《いがい》はみんな横取《よこど》りする、ずるい動物《どうぶつ》たちなのです。

いきものデータ

- □**名前《なまえ》** チーター
- □**分類《ぶんるい》** ほ乳類《にゅうるい》
- □**生息地《せいそくち》** アフリカから南《みなみ》アジアのサバンナ
- □**大《おお》きさ** 体長《たいちょう》 1.1～1.5m

ヒョウ
ライオン
ハイエナ
ジャッカル
やつらが来《く》る前《まえ》に
食《た》べなくちゃ

若《わか》いニホンザルは、メスザルを尾行《びこう》して食《た》べ物《もの》をとる

ゾウやトナカイのように、ニホンザルもメスのほうが賢《かしこ》いです。オスはずる賢《がしこ》くはありませんが、天然《てんねん》のずるさ（!?）を持《も》っています。山《やま》が雪《ゆき》に覆《おお》われてしまうと、なかなか山《やま》の中《なか》で食《た》べ物《もの》が見《み》つかりません。そん

いきものデータ

- □**名前《なまえ》** ニホンザル
- □**分類《ぶんるい》** ほ乳類《にゅうるい》
- □**生息地《せいそくち》** 日本《にほん》（北海道《ほっかいどう》と沖縄《おきなわ》をのぞく）の森林《しんりん》や山地《さんち》
- □**大《おお》きさ** 体長《たいちょう》47～60㎝

なとき若《わか》いニホンザルはボーッと雪原《せつげん》を見《み》ています。すると、経験豊富《けいけんほうふ》なメスザルが雪原《せつげん》の中《なか》を歩《ある》いていくじゃないですか。

どこへ行《い》くのだろうと、眺《なが》めていると、何《なに》か食《た》べ物《もの》のある場所《ばしょ》に向《む》かっているように見《み》えます。だから、若《わか》いニホンザルも後《うし》ろからついていくのです。そして、何《なん》とか、食《た》べ物《もの》のおこぼれにあずかるのです。

こういうメスがリーダーになるのですね。

アナグマを穴《あな》から追《お》い出《だ》して巣《す》にするタヌキがいる

アナグマはイタチ科《か》で、タヌキはイヌ科《か》ですが、かなり似《に》た行動《こうどう》をとります。食《た》べ物《もの》も大《おお》きさも似《に》ていて（タヌキが少《すこ》し大《おお》きい）、死《し》んだふりもします。

すむところも土《つち》の下《した》ですが、穴《あな》を掘《ほ》るのはアナグマ。

いきものデータ

- 名前《なまえ》　ニホンタヌキ
- 分類《ぶんるい》　ほ乳類《にゅうるい》
- 生息地《せいそくち》　日本《にほん》
- 大《おお》きさ　体長《たいちょう》50～60㎝、尾長《びちょう》20㎝程度《ていど》

アナグマは、せっせと鋭《するど》い爪《つめ》で穴《あな》を掘《ほ》ります。すると、タヌキは穴《あな》が気《き》に入《い》ると、その穴《あな》に入《はい》ってすみ着《つ》いてしまうのです。同《おな》じ穴《あな》のムジナとはこのことをいうんですね。ところが、子育《こそだ》てをして、いつのまにかアナグマを追《お》い出《だ》します。

ちなみに、タヌキもアナグマも一箇所《いっかしょ》にふんをためる、「ためふん」をします。アナグマは巣穴《すあな》の出口《でぐち》から数《すう》メートルのところに家族用《かぞくよう》のトイレを作《つく》るそうです。

フクロウの巣《す》はもともとキッツキが開《あ》けた穴《あな》

アカゲラはキツツキ科《か》の鳥《とり》で木《き》に穴《あな》を開《あ》けます。開《あ》ける木《き》は枯《か》れ木《き》が多《おお》いのですが、くちばしで、入《い》り口《ぐち》が直径《ちょっけい》4センチメートルほど、深《ふか》さ35〜40センチメートルの穴《あな》にします。そこに5月《がつ》から7月《がつ》ごろになると卵《たまご》を産《う》み、その後《ご》5週間《しゅうかん》ほどで巣立《すだ》っていきます。

そのような木《き》の穴《あな》をムササビが利用《りよう》します。ムササビにとっては、穴《あな》が少々小《しょうしょうちい》さいので、歯《は》で穴《あな》の周《まわ》りを削《けず》って広《ひろ》げ、すむのです。そして、そのムササビがいなくなった後《あと》、朽《く》ちてより穴《あな》が広《ひろ》がった木《き》に、フクロウが巣《す》を作《つく》ります。フクロウは、何《なに》くわぬ顔《かお》でちゃっかり穴《あな》を利用《りよう》します。

いきものデータ

- □**名前《なまえ》** フクロウ
- □**分類《ぶんるい》** 鳥類《ちょうるい》
- □**生息地《せいそくち》** 九州《きゅうしゅう》以北《いほく》の森林《しんりん》、農耕地《のうこうち》
- □**大《おお》きさ** 全長《ぜんちょう》 50㎝

キツツキが開《あ》け
ムササビが広《ひろ》げ
フクロウがすむ

ハダカデバネズミの女王《じょおう》は、おしっこをかけて交尾《こうび》ができないようにする

東《ひがし》アフリカにすむこのネズミは、毛《け》が非《ひ》常《じょう》に薄《うす》くて歯《は》が飛《と》び出《で》ているので、「ハダカ」「デバ」ネズミといわれます。

彼《かれ》らは70頭《とう》から80頭《とう》ぐらい（多《おお》いときは200頭《とう》を超《こ》える）の集団《しゅうだん》で、土《つち》の中《なか》で暮《く》らしています。このなかで唯一《ゆいいつ》、繁殖《はんしょく》することができるのが、一匹《いっぴき》のメス。いわゆる女王《じょおう》様《さま》です。それ以外《いがい》のメスは繁殖活動《はんしょくかつどう》ができず、女王《じょおう》が死《し》ぬのを待《ま》つしかありません。

他《ほか》のメスが繁殖《はんしょく》できないようにしているのが女王《じょおう》のおしっこです。おしっこをかけて他《ほか》のメスのフェロモンを消《け》し、オスが魅力《みりょく》を感《かん》じないようにするのです。ずるい（？）おしっこなのです。

いきものデータ

- □**名前《なまえ》** ハダカデバネズミ
- □**分類《ぶんるい》** ほ乳類《にゅうるい》
- □**生息地《せいそくち》** アフリカ東部《とうぶ》の地中《ちちゅう》
- □**大《おお》きさ** 体長《たいちょう》８～９㎝

全員《ぜんいん》おしっこまみれに……

アリ地獄《じごく》は穴《あな》を作《つく》るだけでなく、逃《に》げ出《だ》そうとするアリに砂《すな》をかけて落《お》とす

いきものデータ

- □**名前《なまえ》** ウスバカゲロウ（成虫《せいちゅう》）
- □**分類《ぶんるい》** 昆虫類《こんちゅうるい》
- □**生息地《せいそくち》** 日本全土《にほんぜんど》、朝鮮半島《ちょうせんはんとう》、台湾《たいわん》、中国《ちゅうごく》
- □**大《おお》きさ** 前翅《ぜんし》の長《なが》さ 35 ～ 45㎜（成虫《せいちゅう》）

ウスバカゲロウの幼虫《ようちゅう》がアリ地獄《じごく》を作《つく》る犯人《はんにん》です。幼虫《ようちゅう》が穴《あな》を掘《ほ》って下《した》で獲物《えもの》を待《ま》っています。アリがその穴《あな》にはまると上《あ》がれません。砂《すな》がさらさらしていて、足元《あしもと》から崩《くず》れて、上《あ》がれないのです。しかし、そんな構造《こうぞう》でも、がんばってアリ地獄《じごく》から這《は》い出《で》るアリもいます。

そんなアリを、ウスバカゲロウの幼虫《ようちゅう》は許《ゆる》しません。下《した》から砂《すな》をかけて出《で》ようとしているアリを地獄《じごく》へ突《つ》き落《お》とすのです。そして、消化液《しょうかえき》をはき出《だ》し獲物《えもの》を殺《ころ》します。ずるい（？）だけでなく、恐《おそ》ろしい幼虫《ようちゅう》なのです。

ちなみにウスバカゲロウは極楽《ごくらく》トンボという俗称《ぞくしょう》もあります。幼虫《ようちゅう》は地獄《じごく》ですけど。

ペットのイヌ&ネコが鳴《な》くのは人間《にんげん》に甘《あま》えるため!?

自然《しぜん》に生《い》きる動物《どうぶつ》には2種類《しゅるい》の鳴《な》き声《ごえ》しかありません。仲間《なかま》を呼《よ》ぶ声《こえ》と危険《きけん》を知《し》らせる声《こえ》です。だから、大人《おとな》の動物《どうぶつ》はほとんど鳴《な》きません。鳴《な》くのは赤《あか》ちゃんのころだけです。赤《あか》ちゃんが鳴《な》くのはお乳《ちち》がほしいのと、親《おや》を呼《よ》ぶときです。

しかし、ペットの場合《ばあい》は別《べつ》です。かなり鳴《な》きます。ペットは幼児化《ようじか》しているのです。そして、鳴《な》き声《ごえ》の種類《しゅるい》も多様《たよう》です。

なぜ、幼児化《ようじか》しているのかというと、それは人《ひと》に甘《あま》えるため。鳴《な》くと飼《か》い主《ぬし》が甘《あま》やかしてくれるからです。そして、ペット自《じ》身《しん》の要求《ようきゅう》をかなえるのです。なかなか、したたかに鳴《な》いて甘《あま》えているのです。

いきものデータ

- □**名前《なまえ》** イヌ、ネコ
- □**分類《ぶんるい》** ほ乳類《にゅうるい》
- □**生息地《せいそくち》** 世界各地《せかいかくち》
- □**大《おお》きさ** 品種《ひんしゅ》によりさまざま

僕《ぼく》は愛《あい》されてる……のか？
ニャ〜ン（メシよこせ）
ワン！（散歩《さんぽ》つれてけ）

ツバメ、スズメ、ムクドリ、カラス

コラム　実《じつ》は人間《にんげん》に寄生《きせい》している身近《みぢか》な鳥《とり》たち

5月《がつ》ごろになると軒下《のきした》にツバメが巣《す》を作《つく》ります。そして、卵《たまご》を産《う》み、2週間《しゅうかん》ほどで雛《ひな》がかえります。

朝《あさ》と夕方《ゆうがた》になるとツバメがすごいスピードで軒下《のきした》を行《い》ったり来《き》たりします。親鳥《おやどり》が雛《ひな》に、頻繁《ひんぱん》に食《た》べ物《もの》を運《はこ》んでいるのです。

このような光景《こうけい》をほほえましい気持《きも》ちで、目《め》にした読者《どくしゃ》は多《おお》いのではないでしょうか。

人間《にんげん》のいるところがとても安全《あんぜん》な場所《ばしょ》

ご存知《ぞんじ》でしょうか？　これはツバメの生存戦略《せいぞんせんりゃく》なのです。わざと人間《にんげん》のいるところに巣《す》を作《つく》り、人《ひと》の目《め》にさらしているのです。

なぜでしょうか？　それは、人間《にんげん》の目《め》があるとカラスに襲《おそ》われないからです。ツバメは賢《かしこ》く人間《にんげん》を利用《りよう》し、依存《いぞん》しているのです。日本人《にっぽんじん》は動物愛《どうぶつあい》護《ご》の精神《せいしん》に優《すぐ》れていますから、ツバメを襲《おそ》ったりしません。カラスがツバメを襲《おそ》うと人《ひと》が追《お》い払《はら》ってくれます。

これは、ツバメに限《かぎ》りませ

ん。スズメも同《おな》じです。ただし、スズメは人《ひと》の身長《しんちょう》より高《たか》い場所《ばしょ》でかなり小《ちい》さなスペースに巣《す》を作《つく》るので、なかなか目《め》につきません。

しかし、スズメ自体《じたい》は、毎《まい》日《にち》のように見《み》かけるのではないでしょうか。このスズメも人《にん》間《げん》に依存《いぞん》しています。ちなみに、人《ひと》の集落《しゅうらく》がなくなるとスズメも姿《すがた》を消《け》します。

他《ほか》にも、人間《にんげん》に依存《いぞん》している鳥《とり》は多《おお》くいます。特《とく》に最近《さいきん》は種類《しゅるい》が増《ふ》えています。ハヤ

人間の住むところは快適♪

ブサなどもビルの看板《かんばん》の後《うし》ろに巣《す》を作《つく》っています。

ハヤブサが人間《にんげん》の近《ちか》くに巣《す》を作《つく》るのは、天敵《てんてき》から身《み》を守《まも》るためではありません。獲物《えもの》のハトがいるからです。

他《ほか》には、ムクドリもねぐらを求《もと》めて人間《にんげん》の近《ちか》くに巣《す》を作《つく》ります。

野山《のやま》が少《すく》なくなったからではない！

これらの鳥《とり》が人間《にんげん》の近《ちか》くにすむようになったのは、野山《のやま》がなくなったからではありません。鳥自身《とりじしん》が、人間《にんげん》のそばだと安全《あんぜん》で獲物《えもの》も多《おお》くあると気《き》がついてしまったからです。

人間《にんげん》のすむところには公園《こうえん》の街路樹《がいろじゅ》や看板《かんばん》の裏《うら》や軒下《のきした》など、ねぐらがいっぱいあります。天敵《てんてき》も多《おお》くはいません。森《もり》より安全《あんぜん》です。

実《じつ》は、カラスも同《おな》じです。人間《にんげん》のそばにいたほうが安心《あんしん》なのです。カラスは体《からだ》が真《ま》っ黒《くろ》で、夜《よる》は真《ま》っ暗《くら》なところにいます。そうしなければ、夜《よる》活動《かつどう》するワシミミズクなど猛《もう》禽類《きんるい》から、寝込《ねこ》みを襲《おそ》われてしまいます。

しかし、人間《にんげん》のそばなら猛《もう》禽類《きんるい》はいません。人間《にんげん》の残《のこ》した残飯《ざんぱん》という食《た》べ物《もの》も多《おお》くあります。

鳥《とり》にとって人間《にんげん》のすむ場所《ばしょ》はパラダイスなのです。

第《だい》5章《しょう》

ずるい共生《きょうせい》

共生《きょうせい》（相利共生《そうりきょうせい》）は、共存共栄《きょうぞんきょうえい》です。
ともに利益《りえき》があってこそ。
だけど、どうみても一方《いっぽう》が不利《ふり》に見《み》える
共生《きょうせい》もあります！

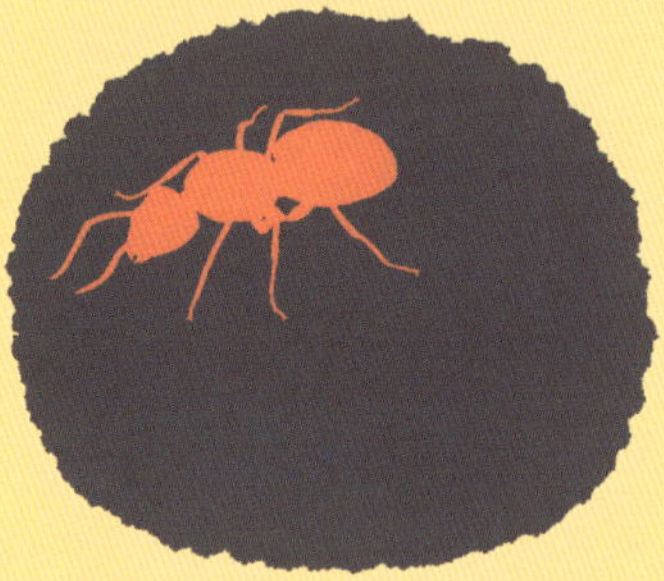

コバンザメはサメのおこぼれをもらうが、何《なに》も与《あた》えない？

片利共生《へんりきょうせい》の典型《てんけい》といわれるコバンザメ。ジンベイザメなどの巨大《きょだい》なサメにくっついて移動《いどう》します。そして、サメが食べ残《のこ》したおこぼれがあると、サッと離《はな》れてそのおこぼれをいただきます。一方《いっぽう》、ジンベイザメ

いきものデータ

- □名前《なまえ》　コバンザメ
- □分類《ぶんるい》　魚類《ぎょるい》
- □生息地《せいそくち》　全世界《ぜんせかい》の暖《あたた》かい海《うみ》
- □大《おお》きさ　全長《ぜんちょう》70㎝程度《ていど》

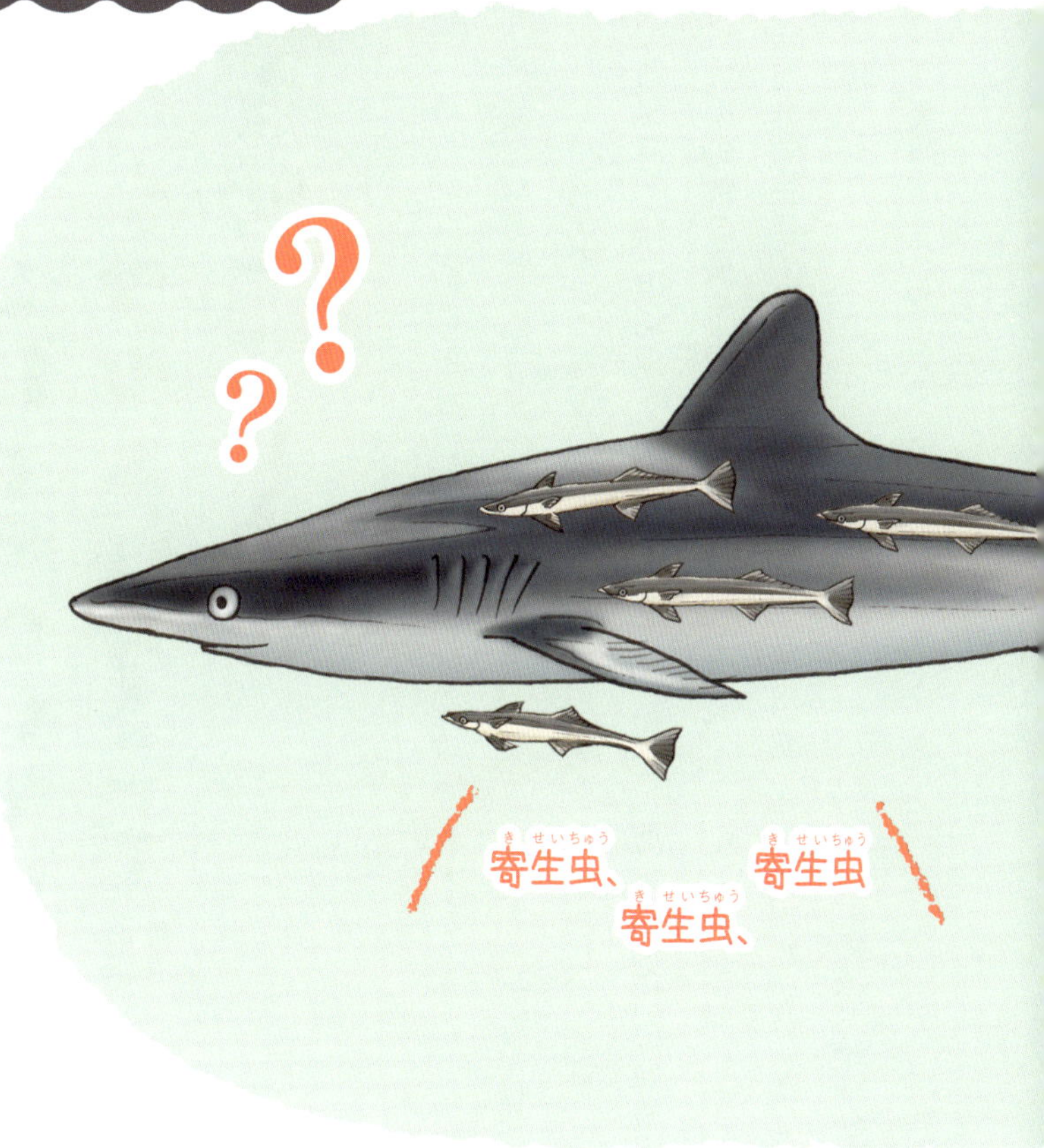

には、コバンザメがいても何《なん》の役《やく》にも立《た》ちません。ただくっつかれているだけです。

　だから、コバンザメはずるい！　といえますが、最《さい》近《きん》ちょっと発見《はっけん》がありました。コバンザメがジンベイザメについている寄生虫《きせいちゅう》を食《た》べているということです。それであれば、ずるいやつから、いいやつに昇格《しょうかく》のはずですが、いまのところ、まだはっきりしていません。

キリンにくっついているキバシウシツツキはダニではなく血《ち》を吸《す》っている⁉

キバシウシツツキはコバンザメとは逆《ぎゃく》の評価《ひょうか》になりそうです。このウシツツキ、キリンやスイギュウなどの大型動物《おおがたどうぶつ》に寄生《きせい》するダニやハエの幼虫《ようちゅう》を、主食《しゅしょく》としています。大型動物《おおがたどうぶつ》の寄生虫《きせいちゅう》を食《た》べてあげて、それで自分《じぶん》も生《い》きていける、大型動物《おおがたどうぶつ》と共生《きょうせい》の関係《かんけい》でした。

実際《じっさい》、サバンナなどではウシツツキにされるがままに、気持《きも》ちよさそうにしている大型動物《おおがたどうぶつ》の姿《すがた》が見《み》られます。

しかし、実《じつ》は、ウシツツキはキリンなどの大型動物《おおがたどうぶつ》の血《ち》も吸《す》っているのです。さらに、寄生虫《きせいちゅう》がいないと肉《にく》もつついて食《た》べてしまいます。共生《きょうせい》にあぐらをかくと、ずるいやつに降格《こうかく》です。

いきものデータ

- □**名前《なまえ》** キバシウシツツキ
- □**分類《ぶんるい》** 鳥類《ちょうるい》
- □**生息地《せいそくち》** 中央《ちゅうおう》から南《みなみ》アフリカのサバンナ
- □**大《おお》きさ** 全長《ぜんちょう》20㎝程度《ていど》

食《た》べているのは
ダニだけよ〜
血《ち》なんて……
ウシツツキ

細菌《さいきん》をすまわせて実《じつ》は食《た》べる
ゴエモンコシオリエビ

太陽《たいよう》の光《ひかり》が届《とど》かない深海《しんかい》の世界《せかい》。そこで、化学合成《かがくごうせい》する細菌《さいきん》を自《みずか》らの体《からだ》にすまわせ、栄養分《えいようぶん》を作《つく》らせているのがゴエモンコシオリエビです。

化学合成《かがくごうせい》とは化学物質《かがくぶっしつ》から栄養分《えいようぶん》を作《つく》り出《だ》すこと。太陽光《たいようこう》から栄養分《えいようぶん》を作《つく》る光合成《こうごうせい》の化学物質版《かがくぶっしつばん》です。

ゴエモンコシオリエビは、有毒《ゆうどく》なメタンから栄養分《えいようぶん》を作《つく》るメタン酸化細菌《さんかさいきん》、硫化水素《りゅうかすいそ》から栄養分《えいようぶん》を作《つく》る硫黄酸化細菌《いおうさんかさいきん》を胸《むね》の毛《け》にすまわせています。これらの細菌《さいきん》に栄養《えいよう》を作《つく》ってもらって、ゴエモンコシオリエビは生《い》きているのです。

しかし、何《なん》とゴエモンコシオリエビは、時々《ときどき》、これらの細菌《さいきん》を食《た》べてしまうのです。ちょっとずるく思《おも》えます。

いきものデータ

□**名前《なまえ》** ゴエモンコシオリエビ
□**分類《ぶんるい》** 甲殻類《こうかくるい》
□**生息地《せいそくち》** 沖縄《おきなわ》トラフ（深海《しんかい》）
□**大《おお》きさ** 甲長《こうちょう》5㎝

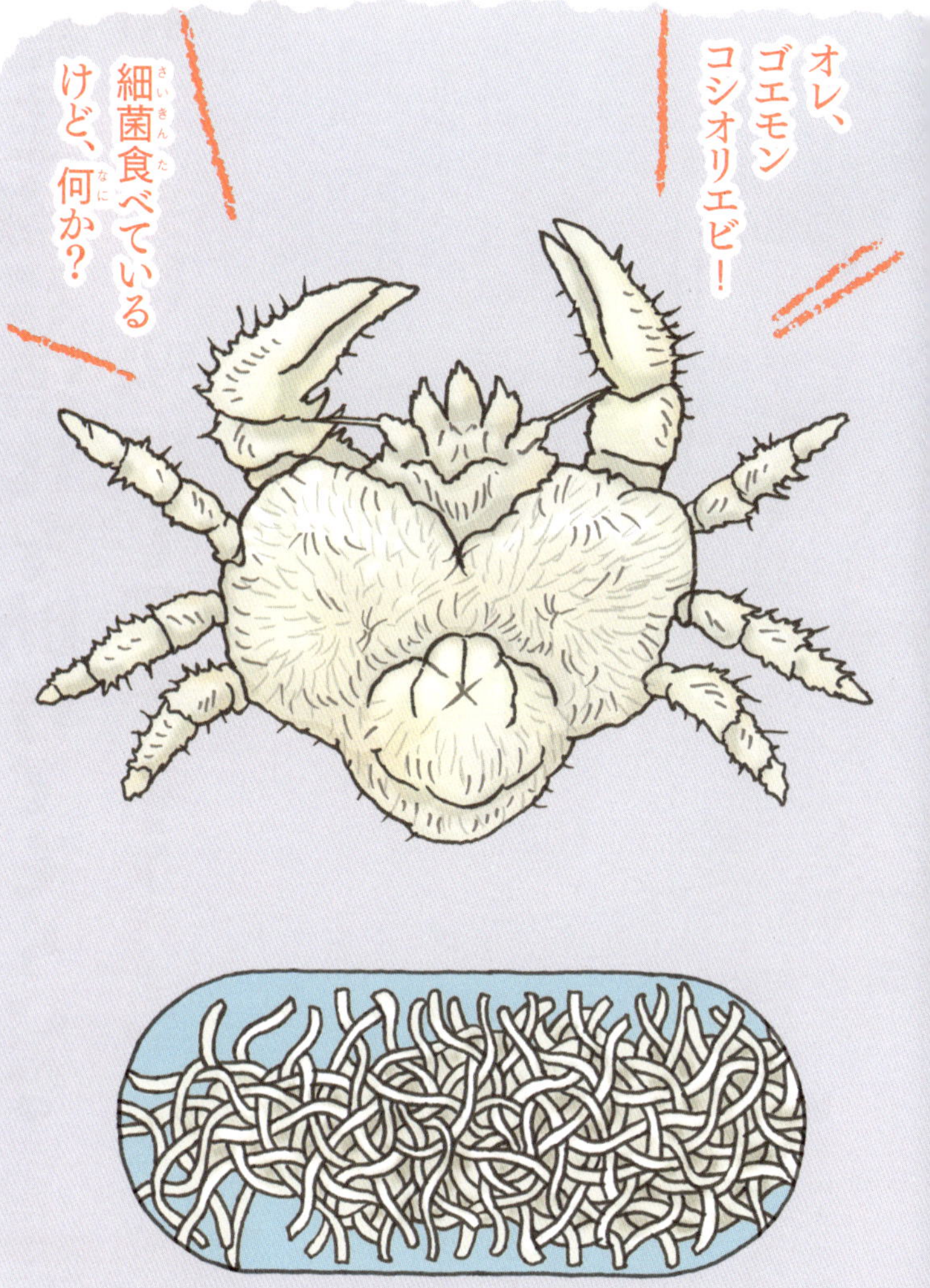
オレ、ゴエモンコシオリエビ！
細菌《さいきん》食《た》べているけど、何《なに》か？

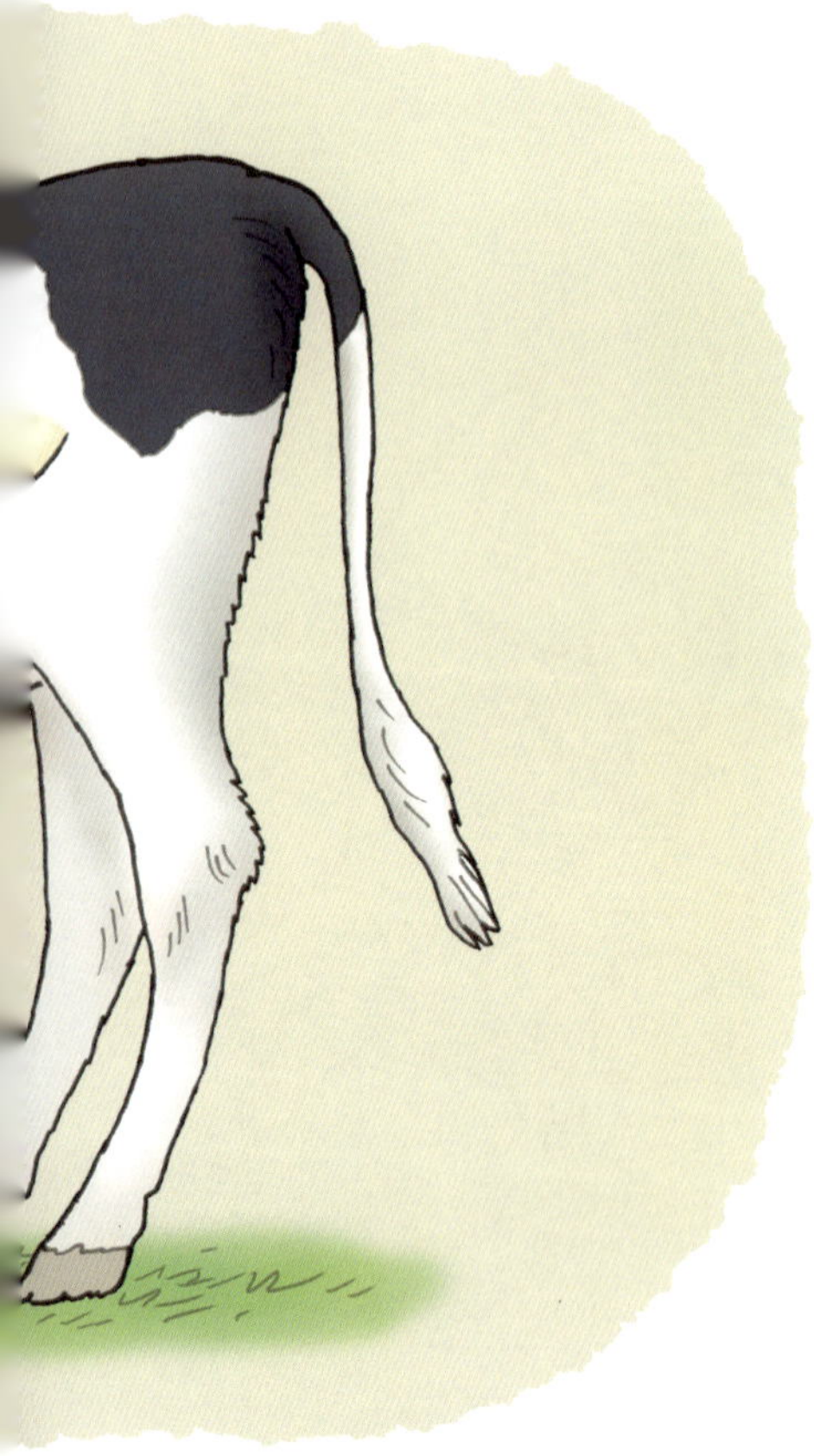

微《び》生《せい》物《ぶつ》に消《しょう》化《か》を助《たす》けてもらいながら実《じつ》は吸《きゅう》収《しゅう》してしまうウシ

ウシは4つに分《わ》かれた胃《い》と長《なが》い腸《ちょう》で草《くさ》から栄養《えいよう》をとります。その草《くさ》の消化《しょうか》を助《たす》けているのが「反《はん》すう」。「反《はん》すう」とは、いったん胃《い》に入《い》れた草《くさ》をもう一度《いちど》口《くち》に戻《もど》して食《た》べ直《なお》すこと。最初《さいしょ》に食《た》べた草《くさ》は第《だい》1

いきものデータ

- □**名前《なまえ》** ウシ
- □**分類《ぶんるい》** ほ乳類《にゅうるい》
- □**生息地《せいそくち》** 全世界《ぜんせかい》
- □**大《おお》きさ** 体長《たいちょう》170㎝程度《ていど》 肩高《けんこう》140〜150㎝

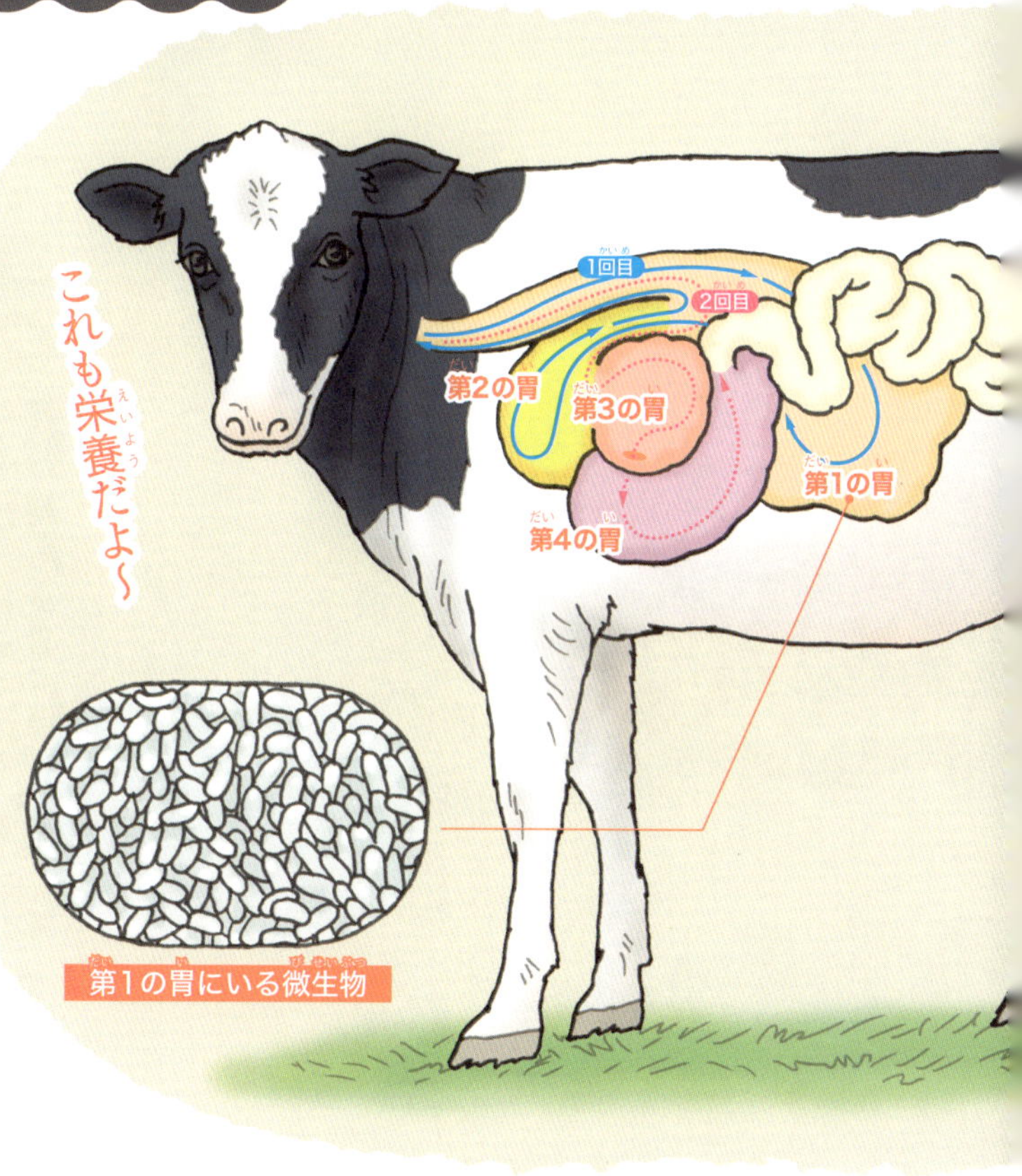

の胃《い》に入《い》り微生物《びせいぶつ》に分解《ぶんかい》させて第《だい》2の胃《い》に送《おく》られます。ウシは食物《しょくもつ》の繊維《せんい》を分《ぶん》解《かい》、消化《しょうか》するセルラーゼという酵素《こうそ》を持《も》っていないので、微生物《びせいぶつ》に分解《ぶんかい》、消化《しょうか》させます。

ウシは第《だい》2の胃《い》から、微《び》生物《せいぶつ》と一緒《いっしょ》に草《くさ》を口《くち》に戻《もど》し、もう一度《いちど》噛《か》みなおし第《だい》3、第《だい》4の胃《い》、腸《ちょう》で栄養《えいよう》を吸収《きゅうしゅう》します。そのときです。微生物《びせいぶつ》もタンパク質《しつ》として吸収《きゅうしゅう》してしまうのです。ちょっとひどい！

ナマコの肛《こう》門《もん》に隠《かく》れすむだけのカクレウオ

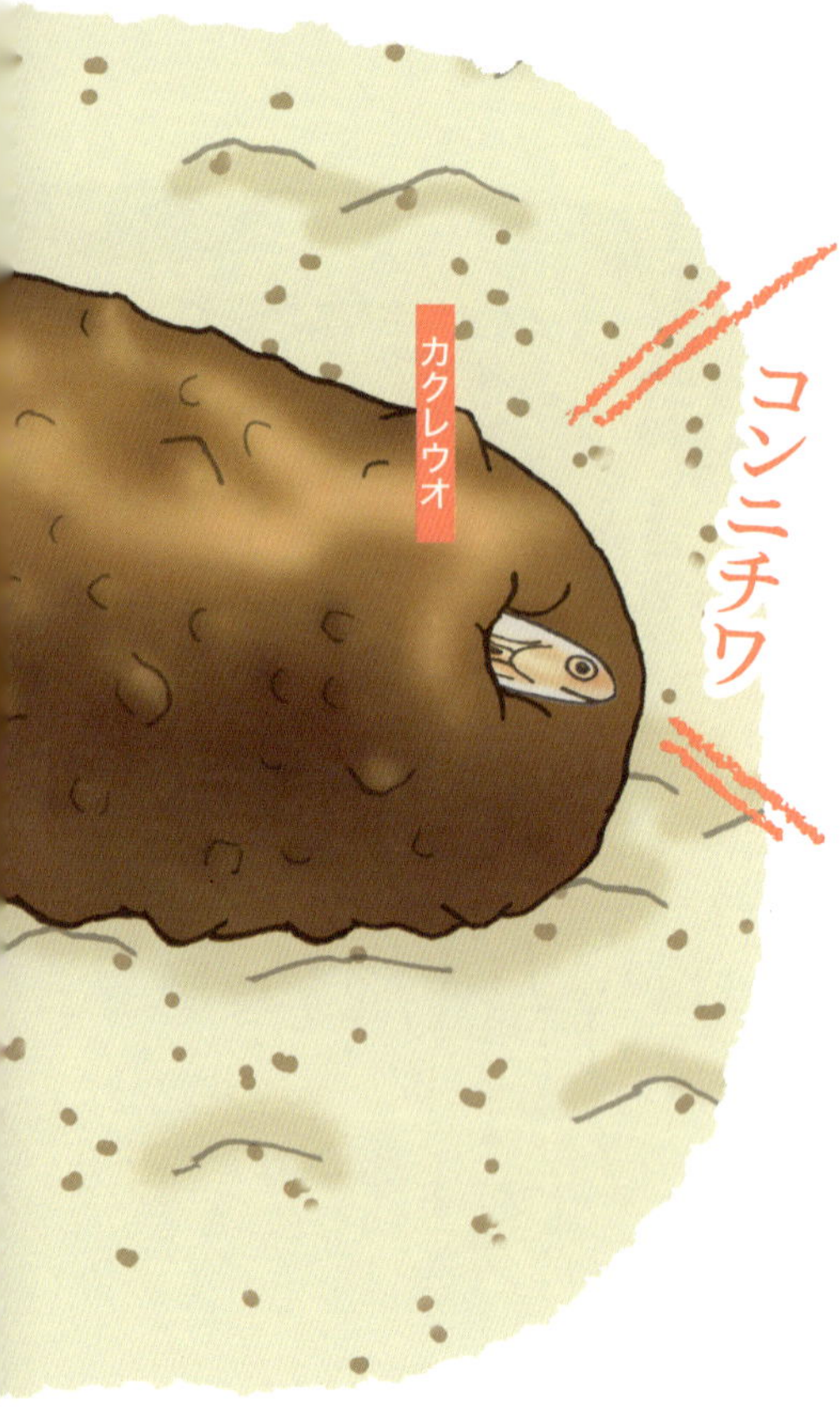

海底《かいてい》にすむナマコなどに寄生《きせい》しているのがカクレウオです。ナマコは肛門《こうもん》から水《みず》を出《だ》し入《い》れして呼吸《こきゅう》するため、その水《みず》の流《なが》れに乗《の》って肛門《こうもん》に進入《しんにゅう》します。

　カクレウオは天敵《てんてき》の多《おお》い昼《ひる》はナマコの中《なか》にいて、夜《よる》

いきものデータ

- □**名前《なまえ》**　カクレウオ
- □**分類《ぶんるい》**　魚類《ぎょるい》
- □**生息地《せいそくち》**　インド洋《よう》、太平洋《たいへいよう》、大西洋《たいせいよう》の熱帯《ねったい》・亜熱帯地域《あねったいちいき》
- □**大《おお》きさ**　最大種《さいだいしゅ》では全長《ぜんちょう》40㎝程度《ていど》

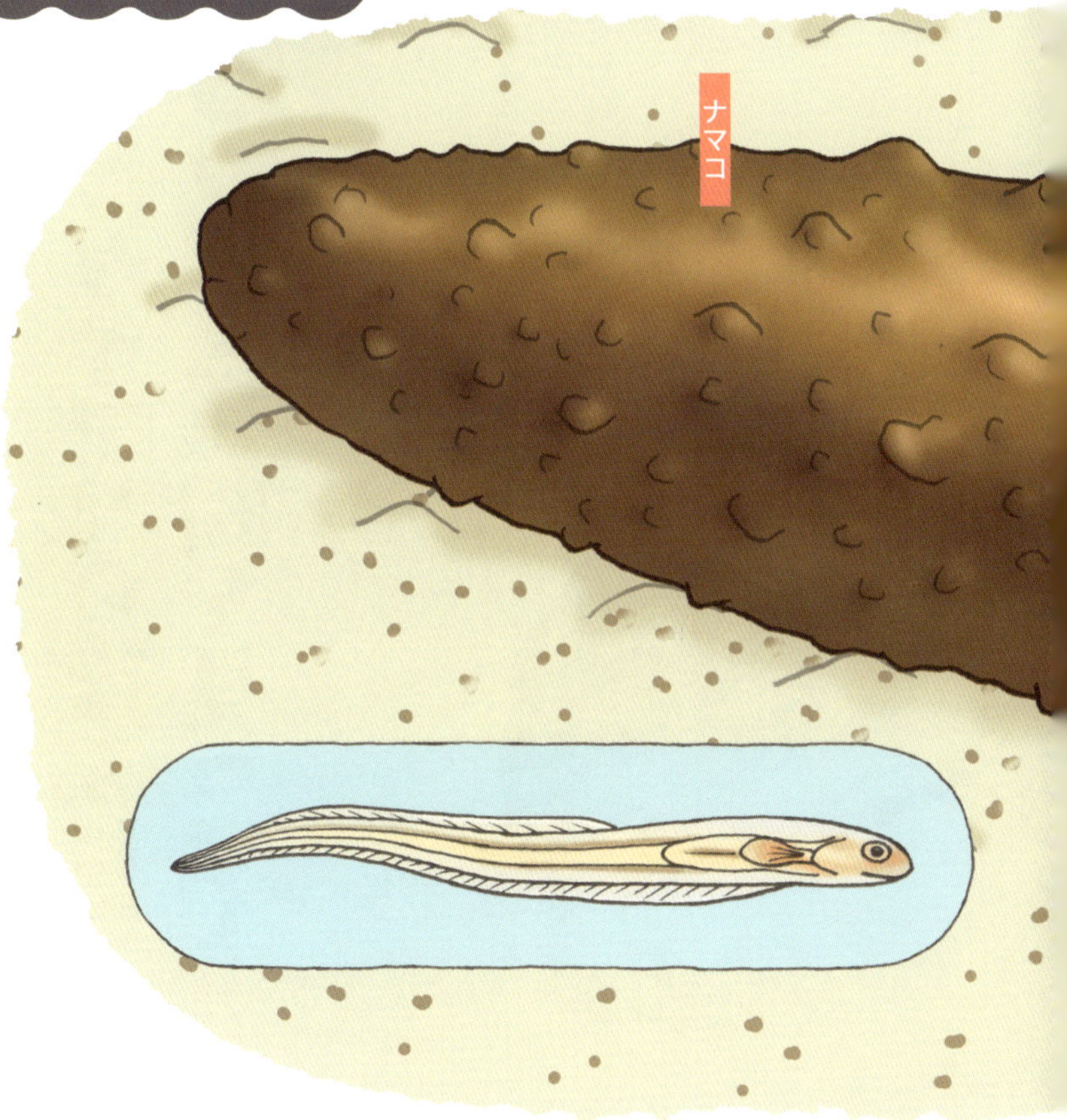

になると獲物《えもの》を求《もと》めて外《そと》へ狩《か》りに出《で》かけます。

ちなみに、ナマコ一匹《いっぴき》につきカクレウオ一匹《いっぴき》というわけではありません。15匹《ひき》ものカクレウオが見《み》つかったナマコもいます。集団《しゅうだん》でナマコにお邪魔《じゃま》しているのです。

なお、カクレウオがいても特《とく》にナマコには害《がい》はありません。しかし、得《とく》もありません。ナマコに無断《むだん》で無《む》賃入居《ちんにゅうきょ》しているのがカクレウオです。

グンタイアリの後《うし》ろについてコソッと獲《え》物《もの》を見《み》つけるアリドリ

これこそ、ずるいといえる鳥《とり》がアリドリです。グンタイアリの後《あと》をついていって獲物《えもの》を見《み》つけるのです。

グンタイアリは非常《ひじょう》に獰《どう》猛《もう》なアリです。まさに軍隊《ぐんたい》のように大集団《だいしゅうだん》で進撃《しんげき》し狩《か》りをします。その対象《たいしょう》は

いきものデータ

- □名前《なまえ》　アリドリ
- □分類《ぶんるい》　鳥類《ちょうるい》
- □生息地《せいそくち》　中南米《ちゅうなんべい》
- □大《おお》きさ　全長《ぜんちょう》9～35㎝

主《おも》に昆虫《こんちゅう》、は虫類《ちゅうるい》、鳥類《ちょうるい》などですが、時《とき》には病気《びょうき》で動《うご》けないウシやウマなどの大型動物《おおがたどうぶつ》でさえ、食《く》い殺《ころ》すことがあるのです。

そんな危険《きけん》なアリのため、グンタイアリが歩《ある》くと、さまざまな昆虫《こんちゅう》や小動物《しょうどうぶつ》が、一目散《いちもくさん》で逃《に》げようとします。アリドリは、その逃《に》げようと飛《と》び出《で》てきた昆《こん》虫《ちゅう》などを、待《ま》ってましたとばかりに捕《つか》まえて食《た》べるのです。ずるい作戦《さくせん》です。

共生相手《きょうせいあいて》のイソギンチャクを食《た》べてしまうクマノミがいる

イソギンチャクとクマノミは共生関係《きょうせいかんけい》。通常《つうじょう》、イソギンチャクは触手《しょくしゅ》から毒《どく》を出《だ》して敵《てき》を追《お》い払《はら》い、獲物《えもの》を捕《つか》まえます。しかし、クマノミは粘液《ねんえき》を出《だ》しているので刺《さ》されません。

だから、クマノミは天敵《てんてき》に襲《おそ》われるとイソギンチャクの中《なか》に隠《かく》れます。一方《いっぽう》、クマノミは、イソギンチャクの触手《しょくしゅ》をついばむ魚《さかな》が来《く》ると追《お》い払《はら》ったり、捕《つか》まえた獲物《えもの》をあげます。共存共栄《きょうぞんきょうえい》です。

しかし、このクマノミがイソギンチャクの触手《しょくしゅ》を食《た》べることがあります。食《た》べる理由《りゆう》は、産卵《さんらん》のスペースを作《つく》るためや、元気《げんき》がなくなったイソギンチャクにカツを入《い》れるためです。結構痛《けっこういた》いカツです。

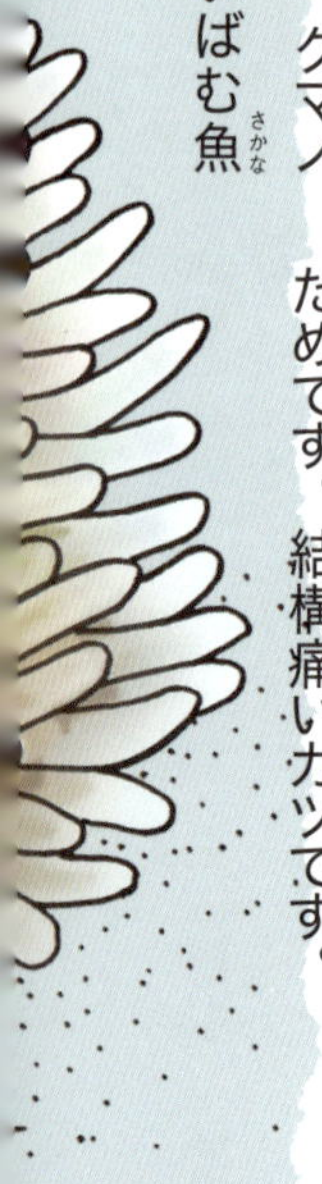

いきものデータ

□**名前《なまえ》**　クマノミ
□**分類《ぶんるい》**　魚類《ぎょるい》
□**生息地《せいそくち》**　インド洋《よう》、紅海《こうかい》、西太《にしたい》平洋《へいよう》に幅広《はばひろ》く生息《せいそく》
□**大《おお》きさ**　全長《ぜんちょう》10～15㎝

元気《げんき》ないわね～

ミツアナグマのおこぼれをもらうノドグロミツオシエ

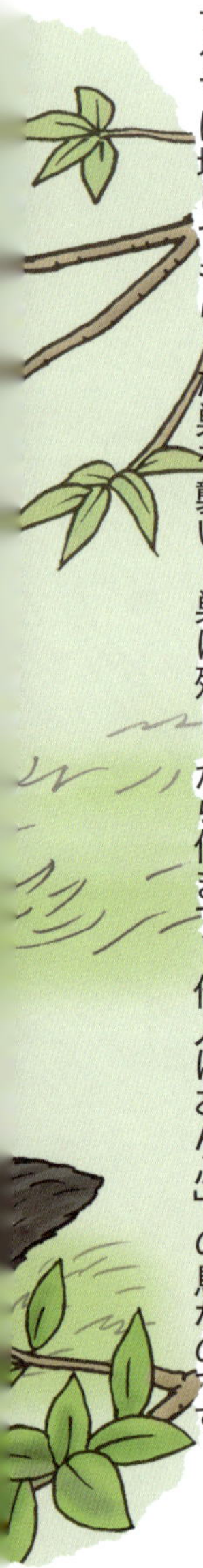

ノドグロミツオシエは、ミツバチの巣《す》がある場所《ばしょ》を、ミツアナグマに鳴《な》いて教《おし》えます。ミツアナグマは喜《よろこ》んでミツバチの巣《す》を襲《おそ》い、たっぷり蜜《みつ》を食《た》べます。そして、立《た》ち去《さ》ります。

ここからがミツオシエの独壇場《どくだんじょう》。ミツアナグマに壊《こわ》してもらった巣《す》を襲《おそ》い、巣《す》に残《のこ》った幼虫《ようちゅう》や巣《す》そのものを食《た》べるのです。

ミツオシエは、巣《す》を自分《じぶん》で壊《こわ》せないのでミツアナグマを利用《りよう》するのです。それだけではありません。ミツオシエは自分《じぶん》で子育《こそだ》てをしません。自分《じぶん》で巣《す》を作《つく》らず、他《ほか》の鳥《とり》の巣《す》に卵《たまご》を産《う》み、育《そだ》ててもらうのです。何《なに》から何《なに》まで「他人《たにん》におんぶ」の鳥《とり》なのです。

いきものデータ

- □**名前《なまえ》** ノドグロミツオシエ
- □**分類《ぶんるい》** 鳥類《ちょうるい》
- □**生息地《せいそくち》** 中央《ちゅうおう》〜南《みなみ》アフリカの熱帯雨林《ねったいうりん》
- □**大《おお》きさ** 全長《ぜんちょう》 20㎝

ピー・ピー・ピー
（ココよ〜）
オ！
ミツバチか！

使《つか》うだけ使《つか》ってアブラムシを食《た》べてしまうアリ

アブラムシは植物《しょくぶつ》の汁《しる》を吸《す》って生《い》きていますが、余《あま》った植物《しょくぶつ》の糖分《とうぶん》はおしりから出《だ》します。これは「甘露《かんろ》」といってアリの大好物《だいこうぶつ》。
テントウムシもアブラムシが大好《だいす》き。ただし、「甘露《かんろ》」ではなく、体《からだ》全部《ぜんぶ》。

いきものデータ

- □**名前《なまえ》**　アリ
- □**分類《ぶんるい》**　昆虫類《こんちゅうるい》
- □**生息地《せいそくち》**　陸上《りくじょう》のあらゆるところ
- □**大《おお》きさ**　全長《ぜんちょう》２～25㎜

体《からだ》を食《た》べられては生《い》きていけません。テントウムシはアブラムシの天敵《てんてき》です。
　このテントウムシからアブラムシを守《まも》るのがアリ。アブラムシを襲《おそ》おうとするテントウムシを攻撃《こうげき》します。もちろん、それはおいしい「甘露《かんろ》」があるからです。もし「甘露《かんろ》」がまずくなってしまうと、アリもアブラムシを食《た》べてしまいます。アリも現金《げんきん》なもの（？）です。

シロカネイソウロウグモは他《ほか》のクモの巣《す》に居候《いそうろう》する

　腹部《ふくぶ》が銀色《ぎんいろ》のシロカネイソウロウグモは、大《おお》きなクモの巣《す》に居候《いそうろう》しています。居候《いそうろう》されたクモはシロカネイソウロウグモが小《ちい》さいため気《き》にも留《と》めず、そのまま放置《ほうち》。それをいいことに、ちゃっかり押《お》しかけ居候《いそうろう》しているのです。

　それだけではありません。このシロカネイソウロウグモは、巣《す》を食《た》べることもあります。クモの巣《す》はタンパク質《しつ》でできているので、巣《す》にも栄養《えいよう》があります。

　さらに、通常《つうじょう》は、自分《じぶん》の近《ちか》くのクモの巣《す》に引《ひ》っ掛《か》かった獲物《えもの》を食《た》べますが、時々《ときどき》、巣《す》の持《も》ち主《ぬし》のクモの獲物《えもの》を、盗《ぬす》み食《ぐ》いするときがあります。結構《けっこう》、油断《ゆだん》のならないクモなのです。

いきものデータ

- □**名前《なまえ》**　シロカネイソウロウグモ
- □**分類《ぶんるい》**　クモ類《るい》
- □**生息地《せいそくち》**　北海道《ほっかいどう》以外《いがい》の日本《にほん》と韓国《かんこく》、中国《ちゅうごく》
- □**大《おお》きさ**　体長《たいちょう》２〜３㎜

第《だい》5章《しょう》 ずるい共《きょう》生《せい》

イシガイとタナゴ、どっちがずるい!?

貝《かい》のなかまのイシガイの幼生《ようせい》（グロキディウム幼生《ようせい》）は、ハゼのなかまのヨシノボリなどの魚《さかな》に寄生《きせい》します。しばらくの間《あいだ》、ヒレやエラに寄生《きせい》した後《あと》、魚《さかな》から離《はな》れ幼貝《ようがい》となって川《かわ》の底《そこ》で生活《せいかつ》を始《はじ》めます。

　そのイシガイは、タナゴのメスに卵《たまご》を産《う》みつけられ、オスに精子《せいし》をかけられます。卵《たまご》はイシガイの中《なか》で孵化《ふか》し成長《せいちょう》し、1カ月《げつ》ほどで貝《かい》から巣立《すだ》ちます。

　こう見《み》るとヨシノボリが一番損《いちばんそん》ですが、寄生《きせい》といっても、この寄生《きせい》は何《なん》の損《そん》はありません。しかし、タナゴはイシガイのような二枚貝《にまいがい》がいないと子育《こそだ》てはできませんから、タナゴが一枚上手《いちまいうわて》のようですね。

いきものデータ

□**名前《なまえ》**　イシガイ
□**分類《ぶんるい》**　貝類《かいるい》
□**生息地《せいそくち》**　東《ひがし》アジア、シベリアなど
□**大《おお》きさ**　殻長《かくちょう》 90㎜

わたしたち、
共生《きょうせい》よね！
タナゴ
イシガイ

コラム　共生《きょうせい》といっても得《とく》なのはどっち

アフリカスイギュウより アマサギのほうが絶対《ぜったい》に得《とく》

ずるい共生《きょうせい》について、前《ぜん》ページまでで解説《かいせつ》していますが、他《ほか》にも果《は》たしてこれが共生《きょうせい》といっていいのかどうかと思《おも》われるものも多《おお》くあります。

ひとつは鳥同士《とりどうし》のベニハチクイとアフリカオオノガン。ベニハチクイはアフリカオオノガンの背中《せなか》に乗《の》ります。アフリカオオノガンが歩《ある》くと、その足《あし》のそばにいた昆虫《こんちゅう》が飛《と》び出《で》てきます。

背中《せなか》に乗《の》っているベニハチクイはその昆虫《こんちゅう》を捕《つか》まえて食《た》べることができます。

一方《いっぽう》、アフリカオオノガンも、捕食者《ほしょくしゃ》が近《ちか》づいてくると、それに驚《おどろ》いてベニハチクイは背中《せなか》から飛《と》び立《た》つので、天敵《てんてき》が来《き》たことがわかるといいます。ベニハチクイはアフリカオオノガンにとって警報《けいほう》センサーの役《やく》目《め》をしているのです。

家畜《かちく》のウシに鳥《とり》の警報機《けいほうき》はいらない!?

これで、お互《たが》いの鳥《とり》はウィ

ンーウィンの関係《かんけい》になり共生《きょうせい》になっているというのです。

確《たし》かにそういう側面《そくめん》もあるでしょうが、どう見《み》てもベニハチクイのほうが得《とく》のように思《おも》います。常時《じょうじ》、食《た》べ物《もの》を見《み》つけることができるのと、時《とき》たま危険《きけん》を知《し》らせもらえるのでは、前者《ぜんしゃ》のほうが得《とく》に思《おも》えてしまいます。

アフリカスイギュウとアマサギも同《おな》じような関係《かんけい》です。アマサギがスイギュウの上《うえ》に乗《の》って、飛《と》び出《で》てくる虫《むし》を捕《つか》まえて食《た》べます。アマサギはスイギュウの捕食者《ほしょくしゃ》が来《く》ると、スイギュウから飛《と》び立《た》つので、スイギュウに危険《きけん》を知《し》らせることができるといわれています。

確《たし》かにスイギュウは目《め》が悪《わる》いので、見張《みは》り役《やく》をしてくれるアマサギはありがたい存在《そんざい》です。しかし、アマサギは家《か》畜《ちく》のウシの背中《せなか》にも乗《の》ります。家畜《かちく》のウシを襲《おそ》う動物《どうぶつ》もいるでしょうが、多《おお》くの場合《ばあい》、

危険対策《きけんたいさく》は人間《にんげん》がします。柵《さく》を作《つく》ったり、イヌを見張《みは》りにしたりして、家畜《かちく》のウシを守《まも》っています。

やはり、アマサギのほうが絶対《ぜったい》に得《とく》でしょう。

伝説《でんせつ》か？　ナイルワニとナイルチドリの共生《きょうせい》

さらにすごいのは、ナイルワニとナイルチドリの共生《きょうせい》です。ナイルワニの口《くち》に中《なか》にナイルチドリが入《はい》って、ワニの口《くち》の中《なか》の食《た》べかすや寄生虫《きせいちゅう》をとってくれるというものです。これは古代《こだい》ギリシャのアリストテレスが本《ほん》の中《なか》でも書《か》いていることです。

実際《じっさい》、ナイルチドリがワニの大《おお》きく開《ひら》けた口《くち》に乗《の》っている写真《しゃしん》はあります。しかし、食《た》べかすを本当《ほんとう》に食《た》べているかどうかはわかりません。その目撃証言《もくげきしょうげん》は結構《けっこう》あいまいだといいます。

これは、そもそも伝説《でんせつ》にすぎないという学者《がくしゃ》もいます。果《は》たして真実《しんじつ》はどこにあるのでしょうか。

第《だい》6章《しょう》

相手《あいて》を操《あやつ》る ずるいきものたち

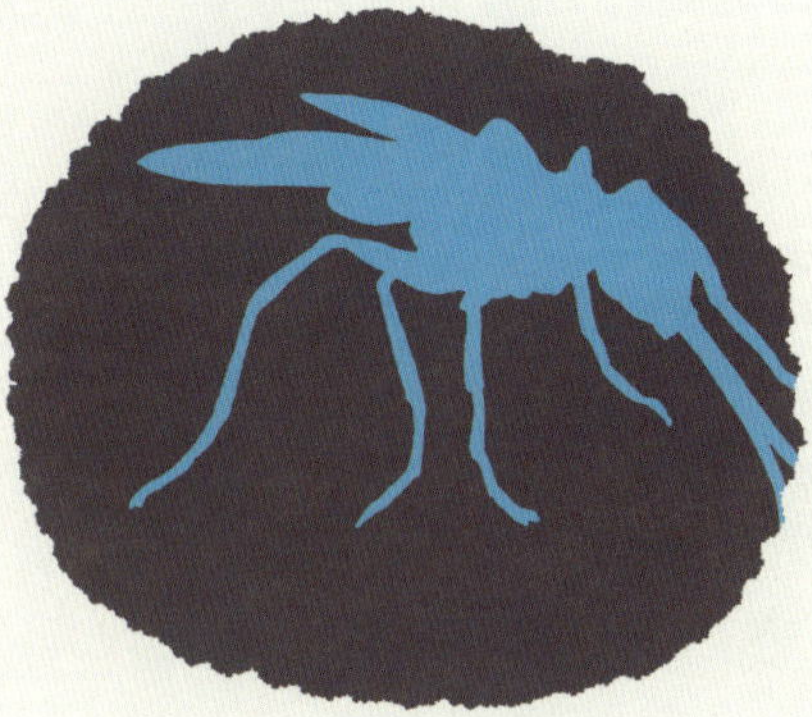

寄生《きせい》した相手《あいて》をあやつって、
自分《じぶん》の思《おも》いのままに動《うご》かせるいきものがいます。
とても、驚《おどろ》きの生態《せいたい》です。

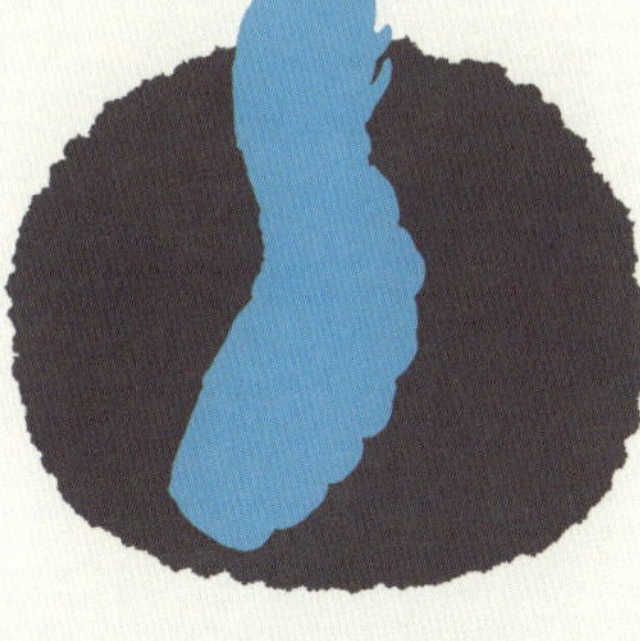

ミツバチを灯火《ともしび》に飛《と》び込《こ》ませる
ゾンビ蝿《ばえ》

ミツバチに寄生《きせい》するゾンビ蝿《ばえ》がアポケファルス・ボレアリスです。ミツバチを内部《ないぶ》から食《く》い荒《あ》らします。

ゾンビ蝿《ばえ》はミツバチの腹《ふく》部《ぶ》に卵《たまご》を産《う》みつけます。卵《たまご》からかえった幼虫《ようちゅう》はミツバチの組織《そしき》や体液《たいえき》を食《た》べ物《もの》と

いきものデータ

- 名前《なまえ》　アポケファルス・ボレアリス
- 分類《ぶんるい》　昆虫類《こんちゅうるい》
- 生息地《せいそくち》　アメリカの中部《ちゅうぶ》〜東部《とうぶ》
- 大《おお》きさ　体長《たいちょう》2〜3㎜

して育《そだ》ちます。

ミツバチはこのゾンビ蝿《ばえ》の幼虫《ようちゅう》が体内《たいない》から脱出《だっしゅつ》する直前《ちょくぜん》にありえない行動《こうどう》をとります。灯火《ともしび》に向《む》かって飛《と》んでいくのです。普通《ふつう》のミツバチはそんなことはしません。ゾンビ蝿《ばえ》に操《あやつ》られているのです。そしてミツバチは死《し》にます。

幼虫《ようちゅう》は、この死骸《しがい》の頭《とう》部《ぶ》と胸部《きょうぶ》の間《あいだ》から脱出《だっしゅつ》しさなぎになります。そして、またゾンビ蝿《ばえ》になるのです。コワ〜。

アカカミアリに死《し》の誘《ゆう》導《どう》をする タイコバエ

南米《なんべい》には首切《くびき》りバエといわれるハエが何種類《なんしゅるい》かいますが、もっとも恐《おそ》ろしいのがタイコバエです。タイコバエはアカカミアリに卵《たまご》を植《う》えつけます。

卵《たまご》からハエの幼虫《ようちゅう》（ウジ）がかえると、ウジはアリの

いきものデータ

□名前《なまえ》　タイコバエ
□分類《ぶんるい》　昆虫類《こんちゅうるい》
□生息地《せいそくち》　東南《とうなん》アジア、インド、アフリカ中央《ちゅうおう》、北《きた》アメリカ南部《なんぶ》、南《みなみ》アメリカ北部《ほくぶ》
□大《おお》きさ　体長数《たいちょうすう》mmほど

頭《あたま》へ移動《いどう》します。そして頭《あたま》の中身《なかみ》を食《た》べつくします。

途中《とちゅう》、ウジに頭《あたま》をのっとられたアリはさ迷《まよ》い歩《ある》き湿《しめ》り気《け》のある場所《ばしょ》で死《し》にます。そして、首《くび》も食《く》われ空《くう》になってしまった頭《あたま》は首《くび》から落《お》ちます。その落《お》ちた頭《あたま》の中《なか》でタイコバエのウジはさなぎになるのです。

いよいよ、タイコバエの成虫《せいちゅう》の登場《とうじょう》です。さなぎの殻《から》とアリの頭《あたま》を破《やぶ》って出《で》てくる姿《すがた》はかなりグロテスクです。

アリを洗脳《せんのう》してウシに食《た》べてもらう寄生虫《きせいちゅう》

さまざまな生《い》き物《もの》に寄《き》生《せい》して本懐《ほんかい》を遂《と》げる寄生《きせい》虫《ちゅう》がいます。名前《なまえ》をディクロコエリウムといいます。
最終目的《さいしゅうもくてき》はウシ。この寄生虫《きせいちゅう》はウシのおなかの中《なか》で卵《たまご》を産《う》みます。卵《たまご》はウシのふんに混《ま》じって排便《はいべん》さ

いきものデータ

- **名前《なまえ》** ディクロコエリウム（槍形吸虫《やりがたきゅうちゅう》）
- **分類《ぶんるい》** 吸虫類《きゅうちゅうるい》
- **生息地《せいそくち》** 北《きた》アジア、ヨーロッパ、北部《ほくぶ》アフリカなど
- **大《おお》きさ** 成虫《せいちゅう》5～15㎜

れ、まずカタツムリに食《た》べてもらいます。

そして、カタツムリの中《なか》で孵化《ふか》・増殖《ぞうしょく》し体液《たいえき》とともに外《そと》に出《で》ます。そしてアリに食《た》べてもらうのです。

ここからが大変《たいへん》。アリは通常《つうじょう》ウシに捕《つか》まりません。そこでアリをマインドコントロールします。ウシに食《た》べられるようにアリを牧草《ぼくそう》の上《うえ》に登《のぼ》らせるのです。そして、牧草《ぼくそう》とアリともどもウシに食《た》べられて、本懐《ほんかい》を遂《と》げます。

カニの子《し》孫《そん》を奪《うば》うフクロムシ

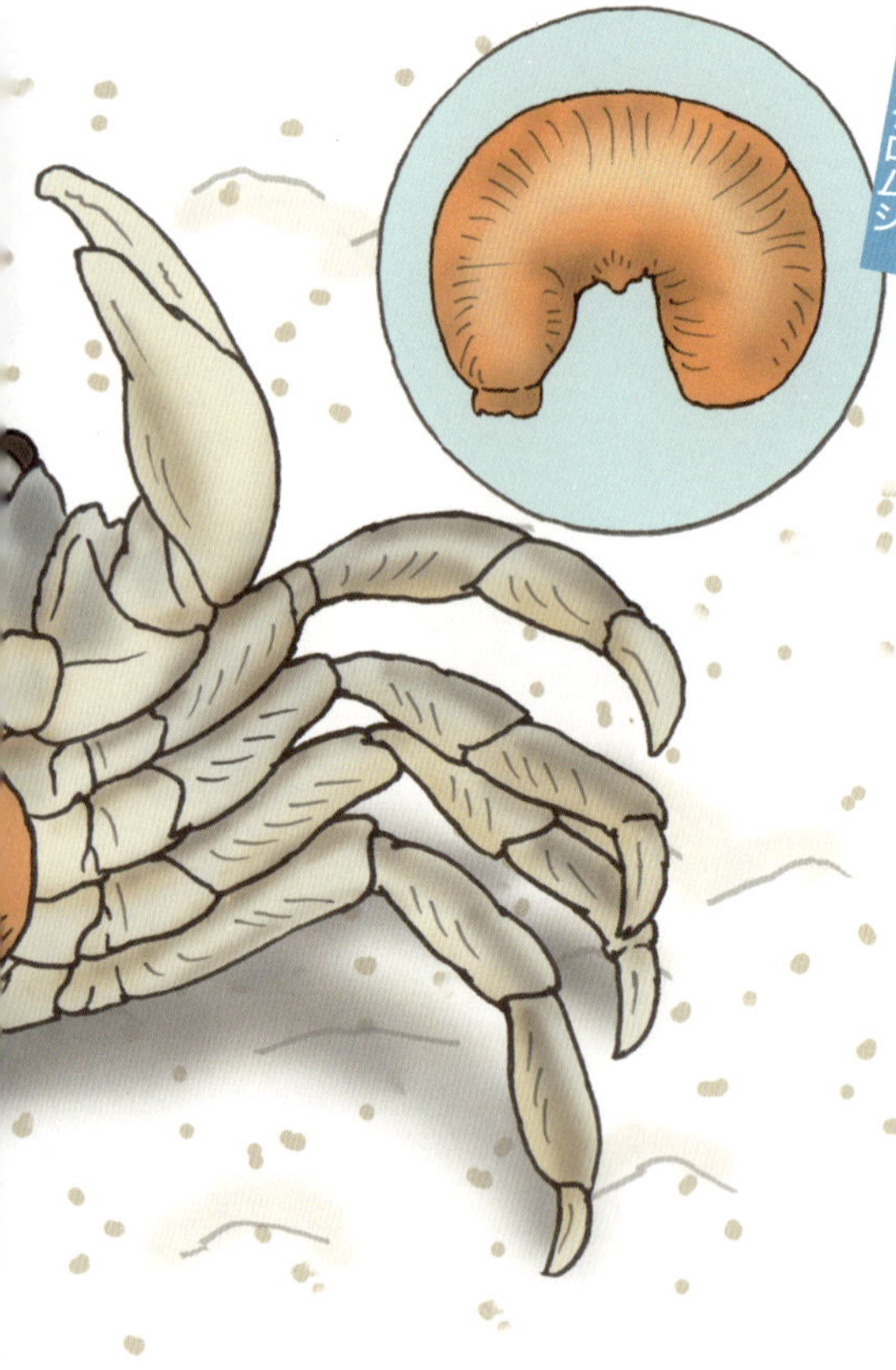

フクロムシはもともとカニやエビと同《おな》じ節足動物《せっそくどうぶつ》のなかまです。しかし、フクロムシには節足動物《せっそくどうぶつ》特有《とくゆう》の節《ふし》や足《あし》がありません。そのためか、フクロムシはカニやエビなどに寄生《きせい》します。カニなどの腹《はら》に、卵《たまご》の

いきものデータ

- □**名前《なまえ》** フクロムシ
- □**分類《ぶんるい》** 甲殻類《こうかくるい》
- □**生息地《せいそくち》** 世界各地《せかいかくち》
- □**大《おお》きさ** 長径数《ちょうけいすう》mm～数《すう》cm

ような袋《ふくろ》がくっついているのを見《み》かけることがあると思《おも》いますが、あれがフクロムシです。

　このフクロムシのとんでもないところは、寄生《きせい》した相手《あいて》の生殖機能《せいしょくきのう》を破壊《はかい》してしまうところ。寄生《きせい》した相手《あいて》の体中《からだじゅう》に根《ね》を張《は》って栄養分《えいようぶん》を吸収《きゅうしゅう》しています。相手《あいて》の命《いのち》までは奪《うば》いませんが、その栄養分《えいようぶん》でフクロムシの卵《たまご》を育《そだ》てます。結構《けっこう》、えげつないのです。

ネコが怖《こわ》くないネズミを作《つく》る
トキソプラズマ

全世界《ぜんせかい》の人間《にんげん》の3分《ぶん》の1が感染《かんせん》しているというトキソプラズマ。健康体《けんこうたい》の人《にん》間《げん》は大丈夫《だいじょうぶ》ですが、妊婦《にんぷ》が感染《かんせん》すると胎児《たいじ》に障害《しょうがい》が出《で》ることがあるので注意《ちゅうい》が必要《ひつよう》です。

このトキソプラズマは、

いきものデータ

- □**名前《なまえ》**　トキソプラズマ
- □**分類《ぶんるい》**　原虫類《げんちゅうるい》
- □**生息地《せいそくち》**　世界各地《せかいかくち》
- □**大《おお》きさ**　長径《ちょうけい》5～7μm

ネズミの体内《たいない》で成長《せいちょう》し、ネコの体内《たいない》で生《う》まれます。ネコに感染《かんせん》させるには、感染《かんせん》したネズミをネコに食《た》べてもらう必要《ひつよう》があります。

そのためにどうするか。ネズミの脳《のう》にとりつき、ドーパミンという恐怖《きょうふ》を抑《おさ》える神経伝達物質《しんけいでんたつぶっしつ》を分泌《ぶんぴつ》させます。そして、ネコに向《む》かっていくネズミにします。ネズミの脳《のう》を操《あやつ》って、わざわざネコに食《た》べさせるのです。恐《おそ》ろしい寄生虫《きせいちゅう》です。

ハリガネムシは宿主《しゅくしゅ》、カマキリを入水自殺《じゅすいじさつ》させて繁栄《はんえい》する

寄生虫《きせいちゅう》のハリガネムシは乾燥《かんそう》すると針金《はりがね》のように硬《かた》くなるのでハリガネムシといわれます。ハリガネムシは水中《すいちゅう》で交尾《こうび》し産卵《さんらん》します。卵《たまご》は1、2カ月《げつ》でかえり幼生《ようせい》となり、これをユスリカやカゲロウの幼虫《ようちゅう》が捕《ほ》食《しょく》します。

ユスリカやカゲロウは成虫《せいちゅう》になると陸《りく》に上《あ》がりますが、カマキリ、コオロギ、ゴキブリなどに食《た》べられます。そして、ハリガネムシはこれらの昆虫《こんちゅう》の体内《たいない》で大《おお》きくなります。

ここでハリガネムシは本性《ほんしょう》を現《あらわ》します。寄生《きせい》した昆虫《こんちゅう》の脳《のう》の神経物質《しんけいぶっしつ》を変化《へんか》させ、本来《ほんらい》、水《みず》に近《ちか》づかないカマキリなどを入水《じゅすい》自殺《じさつ》に追《お》い込《こ》むのです。かなり怖《こわ》い寄生虫《きせいちゅう》なのです。

いきものデータ

- **名前**《なまえ》　ハリガネムシ
- **分類**《ぶんるい》　類線形動物《るいせんけいどうぶつ》
- **生息地**《せいそくち》　世界各地《せかいかくち》
- **大きさ**《おお》　体長通常《たいちょうつうじょう》10～40㎝

ホントは水《みず》がきらいなの
ハリガネムシ

ゴキブリを操《あやつ》って食《た》べ物《もの》にする
エメラルドゴキブリバチ

かなりえげつないハチがエメラルドゴキブリバチです。ゴキブリを操《あやつ》って食《た》べ物《もの》にします。

まず、ゴキブリの脳《のう》に麻《ま》酔《すい》薬《やく》を刺《さ》します。するとゴキブリはハチのいいなりになってしまうのです。そ

いきものデータ

- **名前《なまえ》** エメラルドゴキブリバチ
- **分類《ぶんるい》** 昆虫類《こんちゅうるい》
- **生息地《せいそくち》** 南《みなみ》アジア、アフリカ、太平洋諸島《たいへいようしょとう》などの熱帯《ねったい》地域《ちいき》
- **大《おお》きさ** 体長《たいちょう》２㎝程度《ていど》

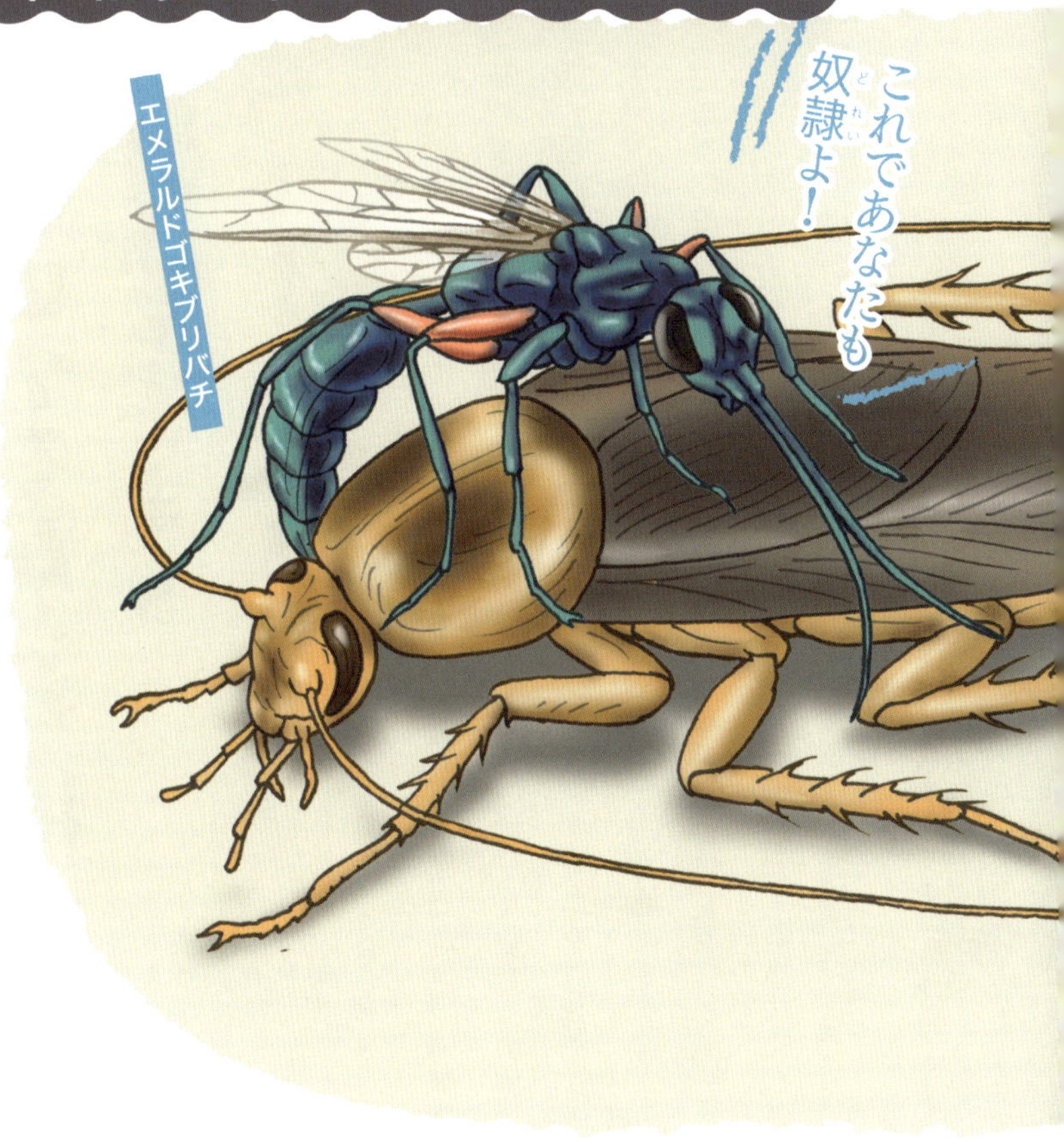
これであなたも
奴隷《どれい》よ！
エメラルドゴキブリバチ

して、ハチの巣《す》までついていき、生《い》きたまま腹部《ふくぶ》に卵《たまご》を産《う》みつけられます。3日後《かご》に卵《たまご》がかえります。ハチの幼虫《ようちゅう》はゴキブリの体内《たいない》に侵入《しんにゅう》して、内臓《ないぞう》を食《た》べつくすのです。

その間《かん》、8日《か》ほど。ゴキブリは生《い》きながら食《た》べられます。そして、ゴキブリが死《し》んだころ、ハチの幼虫《ようちゅう》はゴキブリの体内《たいない》でさなぎになり成虫《せいちゅう》となって、その亡骸《なきがら》を突《つ》き破《やぶ》って飛《と》んでいくのです。

ゾンビイモムシを操《あやつ》って敵《てき》を撃退《げきたい》する
ブードゥー・ワスプ

ハチのブードゥー・ワスプはイモムシに卵《たまご》を産《う》みます。かなりえげつないハチです。卵《たまご》からかえった幼虫《ようちゅう》はイモムシの内臓《ないぞう》を食《た》べつくします。他《ほか》の寄生《きせい》バチなら、幼虫《ようちゅう》がさなぎになるころイモムシは死《し》にます。ただ、このハチは、さなぎになってもイモムシを生《い》かしておきます。

イモムシの体《からだ》を突《つ》き破《やぶ》って出《で》てきた幼虫《ようちゅう》は、イモムシの近《ちか》くでさなぎになります。イモムシは死《し》にかけてゾンビのようになりながらも逃《に》げず、逆《ぎゃく》にさなぎに敵《てき》が近《ちか》づくと体《からだ》を激《はげ》しく振《ふ》って追《お》い払《はら》うのです。そしてハチが成虫《せいちゅう》になるころ死《し》にます。イモムシをハチが操《あやつ》っているのです。

いきものデータ

- □**名前《なまえ》** ブードゥー・ワスプ（コマユバチの一種《いっしゅ》）
- □**分類《ぶんるい》** 昆虫類《こんちゅうるい》
- □**生息地《せいそくち》** 中央《ちゅうおう》アメリカ、北《きた》アメリカ、ニュージーランド
- □**大《おお》きさ** 体長《たいちょう》3㎜程度《ていど》（成虫《せいちゅう》）

敵《てき》のハチ
来《く》るな～
ブードゥー・ワスプのさなぎ
ゾンビイモムシ

クモをボディーガードにする
クモヒメバチ

ハチの仲間《なかま》にはクモに寄生《きせい》するものもいます。まず、ホストとなるクモに麻酔《ますい》を打《う》った後《あと》、クモの体表《からだひょう》に卵《たまご》を産《う》みつけます。

幼虫《ようちゅう》はクモの体内《たいない》に入《はい》り込《こ》むことなく、外側《そとがわ》に寄生《きせい》したまま体液《たいえき》をすすって成長《せいちょう》します。クモヒメバチにとってクモ自体《じたい》がハンターのため、いわばボディーガードに背負《せお》われて育《そだ》つようなものです。

そして、さなぎになる直前《ちょくぜん》に、クモを殺《ころ》してクモの巣《す》を乗《の》っ取《と》ります。さらに、そのクモを殺《ころ》す直前《ちょくぜん》にクモヒメバチは、さなぎが巣《す》から落《お》ちないように、クモを操《あやつ》って強固《きょうこ》な糸《いと》を出《だ》させてクモの巣《す》を補強《ほきょう》させているのです。すごいずる賢《がしこ》さ（?）です。

いきものデータ

- □名前《なまえ》　ニールセンクモヒメバチ
- □分類《ぶんるい》　昆虫類《こんちゅうるい》
- □生息地《せいそくち》　ヨーロッパと日本《にほん》
- □大《おお》きさ　体長《たいちょう》7～8㎜（成虫《せいちゅう》）

ボディーガードをよろしく
クモ
クモヒメバチの幼虫《ようちゅう》

生《い》きたままテントウムシを操《あやつ》り、さなぎを守《まも》らせる
テントウハラボソコマユバチ

テントウムシに寄生《きせい》するハチもいます。このハチは、テントウムシに麻酔《ますい》を打《う》った後《あと》、わき腹《ばら》に卵《たまご》を1つ産《う》みつけます。

その後《ご》、卵《たまご》からかえった幼虫《ようちゅう》はテントウムシの体《からだ》に入《はい》って内部《ないぶ》を食《た》べていきます。しかし、食《た》べるのは脂肪《しぼう》が中心《ちゅうしん》。だから、テントウムシは死《し》にません。大《おお》きくなった幼虫《ようちゅう》は、体《からだ》からゆっくりと這《は》い出《だ》して、テントウムシの下《した》でさなぎになります。

なんと、その後《ご》テントウムシは、さなぎの上《うえ》にじっとして幼虫《ようちゅう》を守《まも》るのです。

ただ、テントウムシの4分《ぶん》の1はその後《ご》回復《かいふく》し生《い》き残《のこ》りますが、その一部《いちぶ》は、また寄生《きせい》されるのです。痛《いた》すぎる生涯《しょうがい》です。

いきものデータ

□**名前《なまえ》** テントウハラボソコマユバチ
□**分類《ぶんるい》** 昆虫類《こんちゅうるい》
□**生息地《せいそくち》** 世界各地《せかいかくち》
□**大《おお》きさ** 体長《たいちょう》3㎜（成虫《せいちゅう》）

なぜ、守《まも》ってるんだろ？
テントウハラボソコマユバチ

コラム　本当《ほんとう》は愛情《あいじょう》ではない②

卵《たまご》を温《あたた》めるのは体《からだ》が熱《あつ》いから

母性《ぼせい》ではなく冷《つめ》たい卵《たまご》が気持《きも》ちいいから

親鳥《おやどり》が、じっと卵《たまご》を温《あたた》める姿《すがた》から、私《わたし》たちは親《おや》の愛情《あいじょう》を感《かん》じとります。時々《ときどき》、満《まん》遍《べん》なく温《あたた》まるように卵《たまご》を返《かえ》している親鳥《おやどり》に対《たい》しては、かいがいしさに頭《あたま》が下《さ》がる思《おも》いです。

しかし、本当《ほんとう》は違《ちが》います。親鳥《おやどり》は体《からだ》が熱《あつ》いので、冷《つめ》たい卵《たまご》で体《からだ》を冷《さ》ましているだけです。

「えっ！」と思《おも》った読者《どくしゃ》の方《かた》も多《おお》いでしょう。親鳥《おやどり》には冷《つめ》たい卵《たまご》が、気持《きも》ちいいのです。親鳥《おやどり》が卵《たまご》をひっくり返《かえ》すのも同《おな》じこと。ずっと卵《たまご》を抱《だ》いていると、卵《たまご》が温《あたた》かくなって気持《きも》ちが悪《わる》くなります。だから、卵《たまご》をひっくり返《かえ》して冷《つめ》たいほうを上《うえ》にするのです。

これで親鳥《おやどり》は体《からだ》が涼《すず》しくなって気持《き》ちよくなります。親鳥《おやどり》には卵《たまご》を温《あたた》めようとする気持《きも》ちなどないでしょう。

自分《じぶん》の体《からだ》を冷《ひ》やすために卵《たまご》を抱《だ》いているのです。

人間《にんげん》が「かわいい」と思《おも》うものは頭《あたま》が大《おお》きい

人間《にんげん》にも、同《おな》じようにいえる部分《ぶぶん》もあります。人間《にんげん》は、人《ひと》だけでなく、さまざまな動物《どうぶつ》の赤《あか》ちゃんを見《み》て「かわいい」と思《おも》います。

しかし、これは母性本能《ぼせいほんのう》や愛情《あいじょう》があるからだけではありません。赤《あか》ちゃんの頭《あたま》が大《おお》きいからです。

赤《あか》ちゃんの頭《あたま》は体長《たいちょう》の3分《ぶん》の1くらいを占《し》めていま

す。大人《おとな》と比《くら》べるとかなり大《おお》きいのです。

人間《にんげん》は、赤《あか》ちゃんくらいの頭《あたま》の大《おお》きさが、とても「かわいい」と感《かん》じるのです。これが頭《あたま》だけになってしまうと、逆《ぎゃく》に気持《きも》ちが悪《わる》くなってしまいます。

人間《にんげん》は、愛情《あいじょう》もあるのかもしれませんが、その形状《けいじょう》を見《み》て「かわいい」と思《おも》ってしまうのです。

アニメや漫画《まんが》で人気《にんき》のドラえもんやキティちゃんも、なぜか、頭《あたま》が大《おお》きいのです。

それは、頭《あたま》が大《おお》きいほうが、「かわいい」と思《おも》われるから、あえて、大《おお》きめに描《えが》いているのです。

いや、大《おお》きめだから、多《おお》くの人《ひと》から「かわいい」と思《おも》われるのでしょう。

カモの親子《おやこ》の行進《こうしん》も単《たん》なる刷《す》り込《こ》みの結果《けっか》

ちなみに、卵《たまご》からかえった雛《ひな》は、はじめて見《み》たものを親《おや》と思《おも》います。これを刷《す》り込《こ》みといいますが、はじめて見《み》たものがネコだったらネコが親《おや》と刷《す》り込《こ》まれます。

カモの親子《おやこ》の行進《こうしん》が時々《ときどき》ニュースで話題《わだい》になりますが、はじめて見《み》たものが、もしネコだったら、行進《こうしん》する前《まえ》に食《た》べられてしまうのでしょうね。

本当《ほんとう》の親《おや》でよかったですね。

第《だい》7章《しょう》

ずるい植物《しょくぶつ》！

ずるいのは動物《どうぶつ》や昆虫《こんちゅう》や、は虫類《ちゅうるい》だけではありません。
植物《しょくぶつ》だって、結構《けっこう》ずるいのです。

イヌビワコバチをこき使《つか》って受粉《じゅふん》させるイヌビワ

イヌビワのお株《かぶ》の花《か》のうに入《はい》ろうとするコバチ

コバチとイヌビワは共生《きょうせい》関係《かんけい》ですが、コバチのほうが利用《りよう》されているとしか思《おも》えません。イヌビワは「花《か》のう」という受粉《じゅふん》が行《おこな》われる花《はな》の入《はい》った果物《くだもの》のような実《み》をつけます。

イヌビワの花粉《かふん》をつけた

いきものデータ

- □**名前《なまえ》** イヌビワ
- □**分類《ぶんるい》** クワ科《か》の植物《しょくぶつ》
- □**生息地《せいそくち》** 日本《にほん》の関東《かんとう》から沖縄《おきなわ》
- □**大《おお》きさ** 高《たか》さ5m

コバチが、他《ほか》のイヌビワの「花《か》のう」に入《はい》り受粉《じゅふん》をします。ただし、入《はい》ったら出《で》られません。その中《なか》で産《さん》卵《らん》し死《し》んで子《こ》どもを残《のこ》します。子《こ》どもはそのイヌビワの花粉《かふん》をつけ飛《と》び立《た》ち、同《おな》じことを繰《く》り返《かえ》します。

さらに、お株《かぶ》（オスの株《かぶ》）のイヌビワに入《はい》ったコバチは子孫《しそん》を残《のこ》せますが、め株《かぶ》（メスの株《かぶ》）に入《はい》ると受粉《じゅふん》だけして死《し》んでしまいます。トホホです。

アカシアがアリに蜜《みつ》をあげるのは身《み》を守《まも》るため

アカシアとアカシアアリは共生関係《きょうせいかんけい》です。アカシアがアリにすみかと食《た》べ物《もの》を与《あた》え、一方《いっぽう》、アリが、雑草《ざっそう》や外敵《がいてき》からアカシアを守《まも》っています。しかし最近《さいきん》、アカシアがアリを操《あやつ》っているかのように、アカシアの蜜《みつ》

いきものデータ

- □**名前《なまえ》**　アカシア
- □**分類《ぶんるい》**　マメ科《か》の植物《しょくぶつ》
- □**生息地《せいそくち》**　熱帯《ねったい》から温帯《おんたい》にかけて幅《はば》広《ひろ》く分布《ぶんぷ》
- □**大《おお》きさ**　種類《しゅるい》によって高《たか》さ1～8m

しか食《た》べられないようにしている、との説《せつ》が発表《はっぴょう》されました。

アカシアは、アリが小《ちい》さいころに特殊《とくしゅ》な酵素《こうそ》を出《だ》して、アリが自《みずか》らでは糖分《とうぶん》を分解《ぶんかい》できない体《からだ》にします。しかし、一方《いっぽう》で、アカシアの蜜《みつ》だけは分解《ぶんかい》できる酵《こう》素《そ》を出《だ》してアリを完全《かんぜん》にアカシアに依存《いぞん》させます。

ただ、そうするのは、アカシアはアリがいないと敵《てき》に襲《おそ》われてしまうからであり、切《せつ》ない共生《きょうせい》です。

光合成《こうごうせい》もできるのに、他《ほか》の木《き》から養分《ようぶん》をもらうヤドリギ

木《き》に寄生《きせい》する木《き》がヤドリギです。木《き》にまあるい大《おお》きな葉《は》のかたまりがついていたら、それがヤドリギでしょう。

ヤドリギの種《たね》は粘膜《ねんまく》におおわれています。そのため、鳥《とり》に食《た》べられても、溶《と》けることなく、ふんと一緒《いっしょ》に排泄《はいせつ》されます。排泄《はいせつ》された種《たね》は粘《ねば》り気《け》があるため木《き》に粘着《ねんちゃく》することができます。そして、芽《め》を出《だ》すのです。

ヤドリギは寄生《きせい》するといっても光合成《こうごうせい》もできます。光合成《こうごうせい》もできるのに木《き》から養分《ようぶん》や水分《すいぶん》をもらっているのです。ただ、寄生《きせい》している木《き》を枯《か》れさせることはありません。そんなことをしたら自分《じぶん》も枯《か》れてしまいます。生《い》きる戦略《せんりゃく》です。

いきものデータ

- □**名前《なまえ》**　ヤドリギ
- □**分類《ぶんるい》**　ビャクダン科《か》の植物《しょくぶつ》
- □**生息地《せいそくち》**　ヨーロッパやアジアに分布《ぶんぷ》
- □**大《おお》きさ**　長《なが》さ 30 ～ 100㎝

寄生《きせい》しながら光合成《こうごうせい》の二刀流《にとうりゅう》よ
ヤドリギ

他《ほか》の草《くさ》を寄《よ》せつけない成分《せいぶん》を出《だ》すサクラ

サクラの季節《きせつ》になると木《き》の下《した》で花見《はなみ》の宴《えん》会《かい》が行《おこな》われます。昔《むかし》から続《つづ》いている行事《ぎょうじ》です。では、なぜサクラの木《き》の下《した》で宴会《えんかい》ができるのでしょう。それは、サクラの下《した》にはあまり草《くさ》が生《は》えないからです。

　サクラの葉《は》からはクマリンという物質《ぶっしつ》が出《だ》されています。かぐわしい匂《にお》いですが、他《ほか》の植物《しょくぶつ》にとっては大敵《たいてき》です。それは、生《せい》長《ちょう》を止《と》める成分《せいぶん》なのです。これをアレロパシーといいますが、これによって、他《ほか》の草《くさ》が駆除《くじょ》されているから、サクラの下《した》には草《くさ》があまり生《は》えません。

　宴会《えんかい》には最適《さいてき》ですが、他《ほか》の草《くさ》には迷惑《めいわく》千万《せんばん》です。

いきものデータ

- □**名前《なまえ》**　サクラ
- □**分類《ぶんるい》**　バラ科《か》の植物《しょくぶつ》
- □**生息地《せいそくち》**　北半球《きたはんきゅう》の温帯地域《おんたいちいき》に幅広《はばひろ》く分布《ぶんぷ》
- □**大《おお》きさ**　種類《しゅるい》によって高《たか》さ２～20 m以上《いじょう》

サクラの木《き》
♪
アレロパシー

アリをゾンビ化《か》して操《あやつ》るきのこのアリタケ

アリタケというきのこに育《そだ》つ菌《きん》がいます。この菌《きん》はクモやアリなどの昆虫《こんちゅう》に寄《き》生《せい》し、それを養分《ようぶん》として きのこを生《は》やします。そして、きのこから胞子《ほうし》を飛《と》ばし生息地《せいそくち》を拡大《かくだい》していきます。

いきものデータ

- □**名前《なまえ》**　アリタケ
- □**分類《ぶんるい》**　菌類《きんるい》
- □**生息地《せいそくち》**　世界各地《せかいかくち》
- □**大《おお》きさ**　数《すう》mm〜十数《じゅうすう》cm

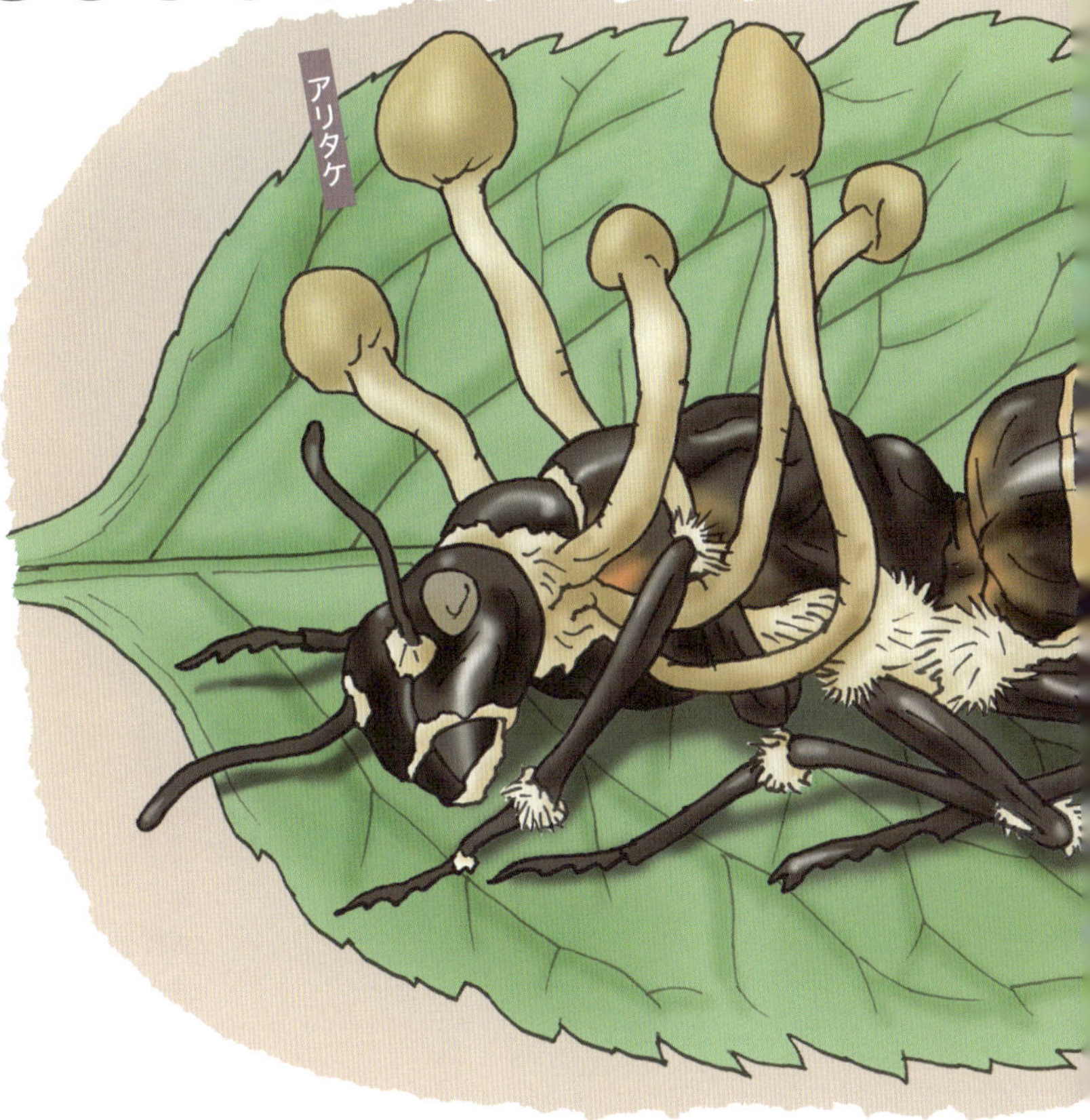

このきのこから出《で》た胞子《ほうし》に感染《かんせん》したアリは、菌《きん》に脳《のう》を乗《の》っ取《と》られゾンビ化《か》しふらふらになります。そして、アリは、菌《きん》がきのことなって胞子《ほうし》を飛《と》ばしやすい場《ば》所《しょ》を求《もと》めて木《き》の上《うえ》に登《のぼ》ります。最後《さいご》には、葉《は》っぱをガシッと噛《か》んで死《し》ぬのです。葉《は》を噛《か》むのはその木《き》から落《お》ちないためです。

　そして、その死体《したい》からきのこが生《は》えだし、また胞《ほう》子《し》となってアリに注《そそ》ぐのです。

冬虫夏草《とうちゅうかそう》はエイリアンだ！

虫《むし》たちに寄生《きせい》してきのこを生《は》やす冬虫夏草《とうちゅうかそう》は、世界中《せかいじゅう》に多種存在《たしゅそんざい》します。寄生《きせい》する対象《たいしょう》もアリだけでなく、クモ、ハチ、セミの幼虫《ようちゅう》など、さまざまな昆虫《こんちゅう》に寄生《きせい》します。日本《にほん》にも、ここにイラスト化《か》した以外《いがい》にも多《おお》くの冬虫夏草《とうちゅうかそう》がいます。３００種類《しゅるい》もいるのです。

ただし、注意《ちゅうい》が必要《ひつよう》です。漢方薬《かんぽうやく》でいわれる冬虫夏草《とうちゅうかそう》は、コウモリガに寄生《きせい》した菌《きん》から生《は》えたきのこだけをいいます。その菌《きん》はコルジセプス・シネンシスといいます。

ちなみに、なぜ冬虫夏草《とうちゅうかそう》というのでしょう。それは冬《ふゆ》に虫《むし》だったものが夏《なつ》に草《くさ》になるからです。エイリアンみたいで怖《こわ》いですね。

いきものデータ

- □**名前《なまえ》**　冬虫夏草《とうちゅうかそう》
- □**分類《ぶんるい》**　菌類《きんるい》
- □**生息地《せいそくち》**　世界各地《せかいかくち》
- □**大《おお》きさ**　数《すう》mm〜十数《じゅうすう》cm

冬虫夏草《とうちゅうかそう》のいろいろ

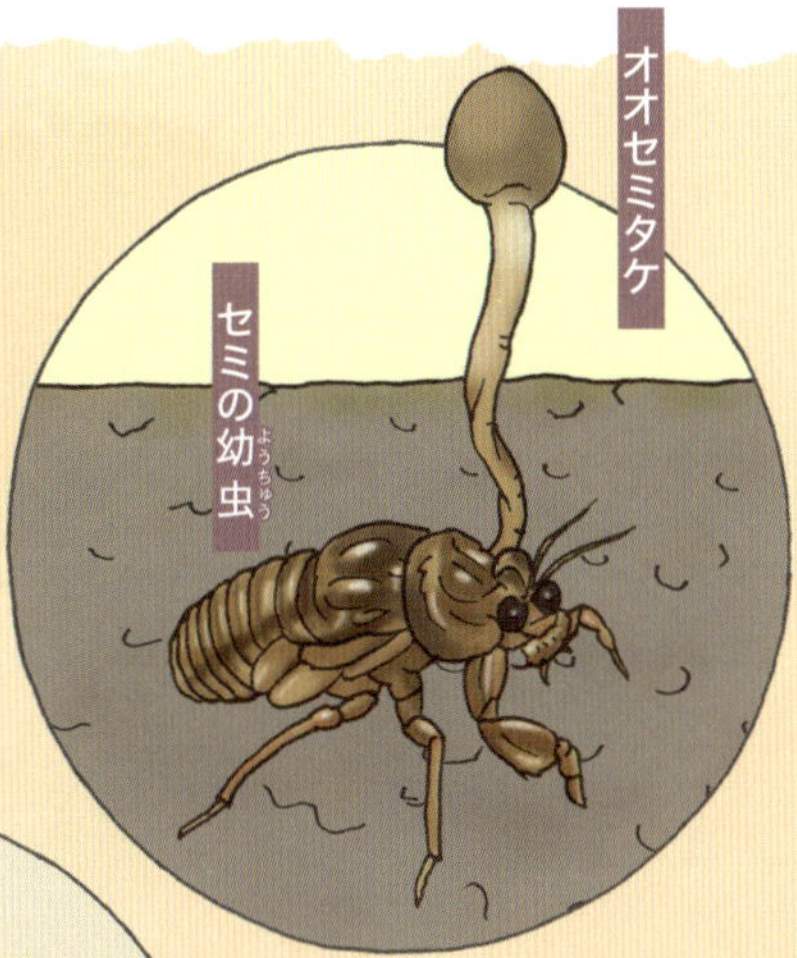

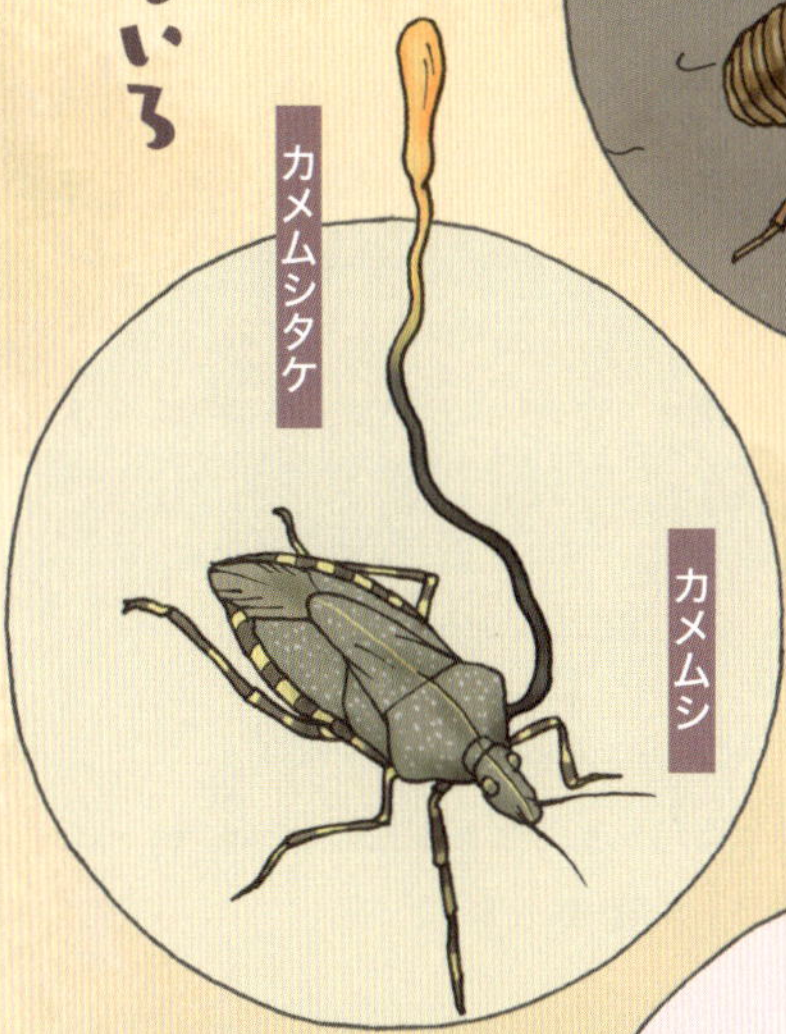

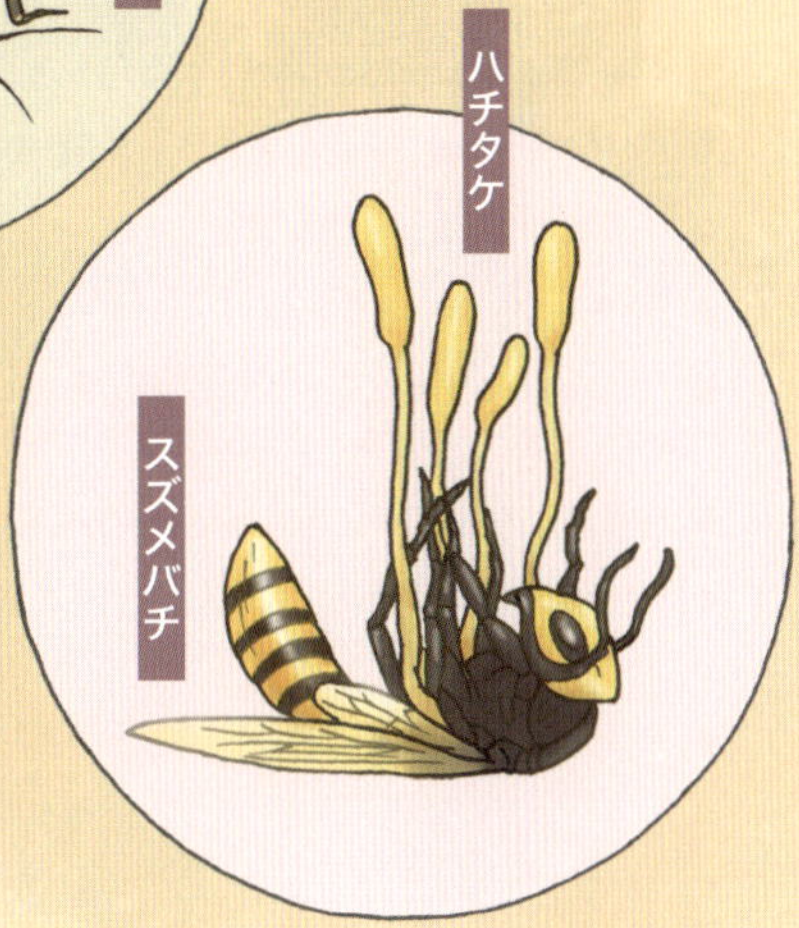

参考文献一覧

■『かび・きのこ（菌の絵本）』（農山漁村文化協会、2018）

■『絵でわかる寄生虫の世界（KS 絵でわかるシリーズ）』
（和夫監修、長谷川英男著、講談社、2016）

■『ゾンビ・パラサイト ──ホストを操る寄生生物たち』（小澤祥司著、岩波書店、2016）

■『したたかな寄生 脳と体を乗っ取る恐ろしくも美しい生き様（幻冬舎新書）』
（成田聡子著、幻冬舎、2017）

■『共生する生き物たち　アブラムシからワニ、サンゴまで（楽しい調べ学習シリーズ）』
（鷲谷いづみ監修、PHP 研究所、2016）

■『おもしろい！進化のふしぎ ざんねんないきもの事典』（今泉忠明監修、高橋書店、2016）

■『おもしろい！進化のふしぎ　続ざんねんないきもの事典』（今泉忠明監修、高橋書店、2017）

■『おもしろい！進化のふしぎ 続々ざんねんないきもの事典』（今泉忠明監修、高橋書店、2018）

■『日本のクモ 増補改訂版（ネイチャーガイド）』（新海栄一 著、文一総合出版、2017）

■『都会のいきもの図鑑　大都市から地方都市まで・ほ乳類・は虫類・両生類・鳥類・節足動物〈昆虫、クモ他〉植物・菌類他』（前田信二著、メイツ出版、2017）

■『日本産クモ類生態図鑑：自然史と多様性』
（小野展嗣著 / 緒方清人著、東海大学出版部、2018）

■『ハンディ 10 日本のカメ・トカゲ・ヘビ（山溪ハンディ図鑑）』
（松橋利光著 / 富田京一著、山と溪谷社、2007）

■『「共生」に学ぶ―生き物の知恵（ポピュラー・サイエンス）』（山本真紀著、裳華房、2005）

■『世界甲虫大図鑑』（丸山宗利監修、東京書籍、2016）

■『日本産幼虫図鑑』（学習研究社、2005）

■『原色昆虫図鑑 1』（北隆館、1995）

■『フィールド版新装版写真で わかる磯の生き物図鑑』
（有山啓之著 / 今原幸光著、トンボ出版、2016）

■『アブラムシ入門図鑑』（松本嘉幸著、全国農村教育協会、2008）

■『決定版 日本のカモ識別図鑑：日本産カモの全羽衣をイラストと写真で詳述』
（氏原巨雄著 / 氏原道昭著、誠文堂新光社、2015）

■『ホタルの不思議な世界』（サラ・ルイス著、大場裕一監修、エクスナレッジ、2018）

■『カメのすべて（カラー図鑑シリーズ）』（高橋泉著、三上昇監修、成美堂出版、1997）

■『ミズガメ大百科』（冨水明著、エムピージェー、2004）

■『世界の爬虫類ビジュアル図鑑―カメ・トカゲ・ミミズトカゲ・ヘビ図鑑 + 人気種の飼育方法』
（海老沼剛著、誠文堂新光社、2012）

■『カメが好き！かめ亀KAME図鑑（P-Vine BOOKs）』
（みのじ著、スペースシャワーネットワーク、2009）

■「いきものの不思議 パートナーに制裁を加える植物：共生系が維持される仕組みを探る」
（生物の科学、2012）

■「衛生害虫の天敵としてのくも類の研究 -5- イエバエの天敵としてのクモの種類およびその捕食数の評価」（大利昌久著、衛生動物 / 日本衛生動物学会 編、1977）

■『小学館の図鑑NEO〔新版〕動物』（2018 小学館）

■『小学館の図鑑NEO 昆虫』（2011 小学館）

■『小学館の図鑑NEO 両生類・はちゅう類』（2005 小学館）

■『小学館の図鑑NEO 鳥』（2010 小学館）

■『小学館の図鑑NEO 魚』（2007 小学館）

■『講談社の動く図鑑　MOVE 動物〔新訂版〕』（2018 講談社）

■熊本市水前寺江津湖公園ホームページ

■サントリーの愛鳥活動・日本の鳥百科ホームページ

STAFF PROFILE

監修

今泉忠明（いまいずみ・ただあき）

動物学者。1944年、東京都生まれ。東京水産大学（現・東京海洋大学）卒業。国立科学博物館では乳類の分類学・生態学を学び、文部省の国際生物学事業計画調査、環境庁のイリオモテヤマネコの生態調査に参加。上野動物園の動物解説員、静岡県の「ねこの博物館」館長。主な著書、監修書に『世界の野生ネコ』（学研パブリッシング）、『おもしろい！　進化のふしぎ　ざんねんないきもの事典』（高橋書店）、『それでもがんばる！　どんまいないきもの図鑑』（宝島社）などがある。

イラスト

森松輝夫（もりまつ・てるお）/アフロ

1954年、静岡県周智郡森町生まれ。広告制作会社にデザイナーとして勤務後、1985年よりフリーとなり、現在は、株式会社アフロ所属。カレンダーやポスター、表紙などのイラストを手がける。『おとなの塗り絵めぐり』『筆ペンで描く鳥獣戯画』『美しい花たち』『可憐な花たち』『化けるいきもの図鑑」（すべて宝島社）でのイラスト、塗り絵線画描き下ろしなど、好評を博す。国内外問わず幅広い媒体で作品が使用されている。

編集　小林大作、池田双葉、前田直子
デザイン　藤牧朝子
DTP　㈱ユニオンワークス
協力　北見一夫（アフロ）

ずるい いきもの図鑑

2019年2月７日　第1刷発行
2023年3月20日　第5刷発行

監　修　今泉忠明
発行人　蓮見清一
発行所　株式会社宝島社
〒102-8388　東京都千代田区一番町25番地
営業：03-3234-4621
編集：03-3239-0927
https://tkj.jp
印刷・製本　株式会社広済堂ネクスト

本書の無断転載・複製を禁じます。
乱丁・落丁本はお取り替えいたします。
©Tadaaki Imaizumi 2019 Printed in Japan
ISBN978-4-8002-9073-1